低碳养殖
科普知识

全国畜牧总站 组编

中国农业出版社

北　京

《低碳养殖科普知识》

编 委 会

主　任　贠旭江

副主任　杨军香　吴建繁

委　员　马文林　董利锋

....

编 写 人 员

主　编　吴建繁　杨军香

副主编　马文林　董利锋

参　编　武书庚　陈　余　云　鹏　路永强

　　　　　史文清　任　康　王　贝　李斌昌

　　　　　陈　亮　孙天晴　王旭明　薛振华

　　　　　孙亮华　桂红艳　周荣柱　刘太记

目 录

第一章

生猪低碳养殖技术

生猪低碳养殖技术，包括日粮氮、磷调控技术，新饲料添加剂应用技术，集雨节水及雨污分流技术，粪尿分离干清工艺技术，猪舍保温节能技术，猪舍饮水改造节水工艺，猪场生态湿地循环利用技术和猪场沼液管网化还田技术等。示范效果表明，规模猪场采用低碳养殖技术，既可提高生产效益，又可减少温室气体排放，降低对生态环境造成污染的风险，是绿色、低碳、高效、健康养殖的重要措施，有助于加快绿色生产方式转变。

第一节　日粮氮、磷调控技术

一、技术简介

蛋白质饲料是猪饲料营养中的重要组分。按照饲料营养标准配制饲料时，通常的做法是优先考虑某些限制性氨基酸需求。但当一些氨基酸的最低指标达到要求时，日粮组分中的另一些氨基酸就会过剩。过剩的组分（如氮）将不会被动物体吸收，随粪尿排出体外，从而引起严重的环境污染。在饲料成本和养殖环保的双重压力下，这种日粮氨基酸不平衡引发的排放，成为动物营养领域的研究热点。

通俗地讲，低蛋白质日粮是指蛋白质水平比饲料营养标准

（NRC）推荐值低 2～4 个百分点的饲料。单纯降低日粮中蛋白质比例可能会引发一些问题，比如氮沉积效率下降、肌肉及生长受限、氨基酸不平衡等，必须配合赖氨酸、蛋氨酸、苏氨酸、色氨酸、缬氨酸等多种氨基酸的平衡和补充。低蛋白质日粮就是以理想氨基酸模式为基础，按照可消化氨基酸需要量合理配制的低蛋白质日粮。利用理想蛋白质技术配制饲料，可平衡日粮氨基酸组分需求，提高饲料营养转化率，同时降低总粗蛋白质水平，从而降低氮排放。在生猪育肥阶段，依照氨基酸平衡原理，可以降低日粮中粗蛋白质水平，具体做法是将赖氨酸在日粮中的含量上调到 0.75%，蛋白质水平下调 2%～3%，这样就可以节省蛋白质饲料如豆粕的用量；同时由于降低了蛋白质水平，粪便中排出的氮也会明显减少，从而减轻了排泄物对环境的污染。

在植物饲料原料中，60%～80%的磷以植酸磷形式存在，植酸磷很难被单胃动物利用。因此，多数配合饲料必须添加无机磷酸盐来满足动物的生长需要，导致饲料中有效磷一般比需要量高 20%～30%，既增加了饲料成本，也增加了动物排泄物中磷的浓度，对环境造成污染。植酸酶作为一种由微生物发酵生产的酶制剂，可通过催化、水解反应分解动物饲料中的天然有机磷，即将植酸磷转为有效磷盐，提高猪对植酸磷及钙、镁、锌、锰等矿物元素的生物利用率，从而提高猪的饲料利用率、日增重及生产性能。饲料中添加植酸酶可以代替部分磷酸氢钙，节约饲料成本，使动物粪便中磷的排出量降低20%～40%，减轻粪便中磷对环境的污染。

二、技术实践

北京某养殖公司应用低蛋白日粮配方＋植酸酶等营养调控技术进行试验。选用体重 60kg 左右的育肥猪，随机将猪群分成 4 个处理组：每个处理 3 个重复，每个重复 10 头猪。处理组分别为对照组、低氮低磷组、抗菌肽组和综合组（低氮低磷＋抗菌肽）。饲喂日粮配置参数见表 1-1。

表 1-1　日粮配置参数

组别	粗蛋白质(%)	总磷(%)	赖氨酸(%)	蛋氨酸(%)	苏氨酸(%)	植酸酶(U/kg)
对照组	15	0.5	0.65	0.25	0.52	—
低氮低磷组	13	0.4	0.65	0.25	0.52	500

试验结果表明，低氮磷组与对照组相比，死淘率降低 0.34%；日增重提高 6.15%，达到 825.33 g；饲料转化效率提高 7.14%，料重比达到 2.8∶1（表 1-2）。

表 1-2　试验猪生长性能对比

组别	对照组	低氮磷组
初始数量（头）	285	294
终末数量（头）	282	293
死淘率（%）	1.03	0.34
初始体重（kg）	50.27	49.39
终末体重（kg）	88.09	89.39
增重（kg）	38.03	40
日增重（g）	784.99	825.33
采食量（kg/头）	113.11	112.02
采食量/体重（%）	3.43	3.36
采食量（kg/d）	2.36	2.32
料重比	3.03	2.82

低氮磷组与对照组相比，氮的摄入量降低 9.53%；粪便中氮排放量降低 27.34%；磷的摄入量降低 23.97%，粪便中磷的排放量减少 26.72%，为 1.48g/（d·头）（表 1-3）。

表 1-3　养猪场试验猪氮、磷减排效果分析

测定项目	对照组	低氮磷组	对比增减
粗蛋白质消化率（%）	76.21	80.98	+4.77

（续）

测定项目	对照组	低氮磷组	对比增减
总磷消化率（%）	55.10	57.05	+1.95
氮摄入量 [g/（d·头）]	60.03	54.3	−5.73
粪氮 [g/（d·头）]	14.15	10.28	−3.87
氮减排量（%）			−27.34
磷摄入量 [g/（d·头）]	12.43	9.45	−2.98
粪磷 [g/（d·头）]	5.54	4.06	−1.48
磷减排量（%）			−26.72

　　低氮磷组与对照组相比经济效益分析，按统一生猪收购价计，使用低氮磷饲料饲养的每头生猪收益比使用普通饲料饲养的每头生猪收益提高 37.79 元，575 头试验群体可以多增效益 21 729 元（表1-4）。

表1-4　猪场试验猪经济效益分析

组　　　别	对照组	低氮磷组
增重（kg）	38.03	40
采食量（kg/头）	113.11	112.02
饲料单价（元/kg）	2.704	2.714
饲料成本（元/头）=采食量×饲料单价	306.76	304.02
毛猪价格（元/kg）	16	16
增重收入（元/头）=增重×毛猪价格	605	640.04
增重效益（元/头）=增重收入−饲料成本	298.24	336.02
新增效益（元/头）		37.79
575 头试验群体总增收入（元）		21 729

第二节　新饲料添加剂应用技术

一、技术简介

新饲料添加剂是指在饲料生产加工、使用过程中添加的少量或微量物质，在饲料中用量很少但作用显著。目前常用的新饲料添加剂包括补充和平衡营养类、保健和促生长剂类、生理代谢调节剂类、增进食欲助消化类、饲料加工及保存剂类和其他功能类添加剂。饲料添加剂的使用目的是平衡饲料中各种营养物质水平。只有各类营养物质平衡的全价饲料才能获得最大限度的利用率，减少对环境的排放。

1. 促生长调节剂　N-氨甲酰谷氨酸（NCG）是新饲料添加剂中效果较好的一类促生长调节剂，化学性质稳定，在动物体内参与二氢吡咯-5-羧酸合成酶（P5CS）和氨甲酰磷酸合成酶 I（CPS-I）的激活，促进谷氨酰胺或脯氨酸合成瓜氨酸，进而促进精氨酸的合成。精氨酸是一种条件性必需氨基酸，在动物细胞信息传递和营养代谢中起重要作用。精氨酸在机体内代谢产生的一氧化氮（NO）和多胺，对妊娠期雌性动物胎盘血管生成和发育、胎盘和胎儿生长有积极影响。NCG 能够促进内源性精氨酸的合成，进而调节机体的营养代谢，其成本为精氨酸的 10%，可广泛应用于实际生产中，有效解决母猪宫内发育迟缓，以及妊娠早期胎盘发育和功能受限问题，提高母猪活产仔数和仔猪出生窝重。

2. 微生态调节剂　包括益生素、活菌制剂、有机酸、酶制剂、有机盐以及植物提取物等，其作用是在宿主体内形成有益微生物菌群，调节肠道的微生态环境，影响消化液的组成，为宿主提供营养并阻止致病微生物的入侵。

3. 抗菌肽　是一类具有抗菌活性的碱性多肽物质。这类活性多肽多数具有强碱性、热稳定性及广谱抗菌等特点。抗菌肽主要替代抗生素的使用，吸附并抑制肠道内病原菌群定植和生长，促进肠道内有益菌增加，提高动物免疫力。尤其是在仔猪断奶、转群以及季节变化等关键阶段，猪群发病率较高的情况下，可保证顺利断奶与仔猪快速生长。抗菌肽饲料添加剂具有提高猪机体免疫、增强非特异性免疫力等功能，深受养殖行业用户的青睐。

二、技术实践

1. NCG 添加剂技术   在母猪妊娠早期（妊娠 1～30d），采用新型功能性氨基酸合成前体物 NCG，可促进母猪的内源合成，增加功能性氨基酸的浓度并促进其转运，有利于更多的早期胚胎着床，提高早期胚胎成活率。同时在配种后及时降低能量摄入量，可最大限度地提高早期胚胎的成活率。妊娠中期（妊娠 31～90d），在日粮中应用乳酸菌制剂，可抑制病原、调节免疫、促进营养物质消化和吸收、改善饲料转化率，从而彻底解决母猪便秘问题，充分发挥母猪的繁殖潜力。妊娠后期（妊娠 91d 至分娩），采用 NCG 促进相关功能性氨基酸的合成，可促进母猪到胚胎充足的养分转运，增加新生仔猪的初生重。

实际应用效果显示，在母猪妊娠早期（妊娠 1～30d），添加 1 000g/t 精母康（有效成分为 50％ NCG ）组 60 窝共产活仔 648 头，对照组 60 窝共产活仔 540 头，平均每窝猪多产仔 1.8 头。仔猪饲粮添加 0.10％ NCG 可提高生长性能和自身抵抗力，促进仔猪健康生长；育肥猪饲粮添加 0.10％NCG＋ 240mg/kg 半胱胺酸，能有效提高生长性能，改善猪肉品质，实现在提高生产效率的同时减少温室气体排放。

2. 功能性益生菌   研究表明，在母猪日粮中使用功能性益生菌，可以改善肠道健康，提高母猪免疫力和繁殖性能。添加饲料添加剂，可提高调节胃肠道内菌群平衡的能力，增加母猪哺乳期的采食量，抑制体重下降，提高母猪乳汁内的脂肪和蛋白质含量，提高断奶仔猪存活率和断奶仔猪体重。在保育猪饲料中添加益生菌可显著增加保育猪的末重（$P<0.05$）；添加益生菌后平均日增重比对照组提高 20.6％，发病率降低 2％。

饲粮中添加微胶囊益生菌可以提高大白猪去势公猪的生产性能。饲粮中添加0.25kg/t益生菌可提高育肥猪的平均日增重，降低料重比，对育肥猪的生长有促进作用。饲料中添加0.25kg/t益生菌可显著影响育肥猪肠道微生物菌群数量。饲粮中添加1kg/t益生菌可显著提高屠宰率，增加眼肌面积及肌内脂肪含量表观值。

实际应用结果显示，在母猪妊娠后期80d至临产，添加0.5kg/t益生菌（酪多精）组，仔猪育肥出栏率84.69%，对照组仔猪育肥出栏率平均为80.75%，仔猪成活率比对照组高3.94%。

3. 抗菌肽 是由宿主先天性免疫防御系统产生的一类可抵抗外界病原体感染的小分子阳离子多肽。抗菌肽具有抗菌谱广、对多重耐药菌有良好杀伤作用、热稳定性和水溶性好、对哺乳动物正常细胞几乎无毒害作用等特点，在提高断奶仔猪生长性能、减少腹泻、改善肠道平衡以及促进机体免疫功能等方面有显著效果。

抗菌肽添加量为3%时，可显著提高仔猪初生重、平均产活仔数、平均产健仔数和健仔率（$P<0.05$）。添加抗菌肽可显著提高断奶仔猪体重和日增重（$P<0.05$），显著降低动物的日采食量和料重比（$P<0.05$），提高养殖经济效益（$P<0.05$）。

实际应用结果显示，在初生仔猪0~28日龄的日粮中，添加500g/t抗菌肽（肽乐新S型制剂）组，断奶仔猪成活率85.77%，对照组仔猪成活率平均为80.75%，断奶仔猪成活率比对照组高5.02%。

第三节   集雨节水及雨污分流技术

一、技术简介

随着水资源匮乏、生态环境恶化等问题的出现，雨水作为水资源利用已经受到干旱与半干旱地区的广泛关注。雨水的利用，不是狭义地利用雨水资源和节约用水，还包括减缓地下水位下降、控制雨水径流污染、改善生态环境等广泛的含义。

图 1-1　金属檐沟

雨污分流是指将养殖场内部的雨水和污水分开，由不同输送管道进行收集、排放或贮存的处理方式。随着经济的发展、环境意识的增强，以及水资源的匮乏，在养殖场内实施雨污分流，在畜舍屋檐安装金属檐沟（图 1-1）、塑料檐沟（图 1-2），或在地下埋入渗滤管收集雨水（图 1-3），安装虹吸式雨斗等收集雨水装置引流雨水，在地下或地上建聚丙烯塑料（PP）模块贮水池（图 1-4），并建有雨水收集观察井（图 1-5），将雨水汇集到贮水池，可有效减少污水处理量，减轻污水处理负荷。

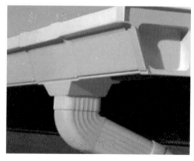

图 1-2　塑料檐沟

图 1-3　地下埋渗滤管

图 1-4 地下 PP 模块贮水池　　　图 1-5 地下贮水池观察井

二、技术实践

养殖场雨水收集利用技术是以虹吸式雨水斗、悬吊系统、渗排一体化技术为核心，实现养殖场雨污分离，减少养殖场排污负荷，改善畜禽养殖环境，降低动物疫病发生风险，提升畜禽场生产能力、供给能力和质量安全水平的重要举措。2012—2016 年，北京市连续 5 年在规模养殖场示范雨污分流、集雨循环利用技术，每100m 长的畜禽场舍或每 1 000～1 500m² 的汇水面积为一标准套，按照年均降雨量 500mm、80％可收集、一次降雨强度达到 50mm计算，配建一套蓄水能力为 40～60t 的新型高效雨水综合利用设备，用檐沟虹吸式收集装置，将养殖场屋面雨水集中收集、过滤，经消毒、循环再利用，每套每年可节约用水 714t（表 1-5）。

表 1-5　2012—2016 年北京市养殖场新型高效雨污分离节水工程示范

项　　目	2012 年	2013 年	2014 年	2015 年	2016 年	合计
规模养殖场（个）	19	15	13	10	6	63
设备规模（套）	108	190	93	34	15	440
汇水面积（万 m²）	14.7	39.0	12.7	6.9	4.1	77.4
储水设施容积（万 m³）	7.7	13.5	6.6	2.4	1.1	31.6

分流收集的雨水可用于圈舍冲洗，夏季水帘降温；经过过滤、消毒、安全处理的洁净雨水，pH 中性，可作为猪的生活用水。该

项工程的生态和社会效益显著，可节约地下水资源 20％左右，减少养殖污水负荷，降低农业用水比例和万元 GDP 用水量，实现农业用水负增长的目标，为经济社会发展、水环境状况改善和水资源承载能力提升做出贡献。

第四节　粪尿分离干清工艺技术

一、技术简介

猪舍粪尿收集工艺主要有水冲粪工艺、水泡粪工艺和干清粪工艺。

1. 水冲粪工艺　是粪尿污水混合进入缝隙地板下的粪沟，每天数次从沟端的水喷头放水冲洗，粪水顺粪沟流入粪便主干沟，进入地下贮粪池或用泵抽吸到地面贮粪池。水冲粪工艺是 20 世纪 80 年代中国从国外引进的主要清粪模式。该工艺可及时、有效地清除畜舍内的粪便、尿液，保持畜舍环境卫生，劳动力投入少，便于养殖场自动化管理。其缺点是耗水量大，一个万头养猪场每天需消耗大量的水（200~250m³）来冲洗猪舍的粪尿。粪污中的污染物浓度很高，但由于水溶性的养分均保留在液体部分中，因而固液分离出的固体部分养分含量较低。

2. 水泡粪工艺　是在水冲粪工艺的基础上改造而来的，突出节约用水，在猪舍内建有 1m 左右深的贮粪池，注入一定量的水，粪尿、冲洗和饲养管理用水一并排入缝隙地板下的粪池中。养殖过程少冲洗，每批次猪出栏后通过负压系统将粪污吸到地面贮粪池。优点是节水，粪污少，粪污清理过程中的劳动力投入少。其缺点是粪便在猪舍中停留时间长，形成厌氧发酵，产生有害气体，如硫化氢（H_2S）、甲烷（CH_4）、氨气（NH_3）等，影响舍内空气环境。此外，粪污排出需要配套一定体积的贮存池，将粪污暂存，以便在合适的作物生产季节作为液体肥料还田。如果暂存池太小，猪舍粪污不能及时排出，舍内厌氧发酵产生的有害气体浓度高，将严重影响猪舍环境质量，影响猪健康生长。因此，可采取短期停留不超过3个月的方法，以减少有害气体产生。

3. 干清粪工艺 是北方地区采用较多的清粪方式。干清粪工艺分为人工清粪和机械清粪两种。人工干清粪的缺点是劳动量大、生产效率低，已逐渐被机械清粪方式替代。与水冲粪和水泡粪工艺相比，干清粪工艺固态粪污含水量低，粪中营养成分损失小，肥料价值高，便于高温堆肥或其他方式的处理利用；产生的污水量少，且其中的污染物含量低。

自动干清粪技术可通过改良圈舍设计，实行功能分区，集成饲喂平台、漏缝地板和配套自动化刮粪板等设施，实现生猪定点排泄。自动干清粪技术具有减少舍内有害气体产生、显著减少猪场用水量和污水排放量、提高生猪生产性能、降低养殖场人工成本等优势。缺点是目前生产的清粪机械在使用可靠性方面仍存在欠缺，机械机器部件长期被粪尿浸泡，易腐蚀，故障发生率较高，由于工作部件上沾满粪便，维修困难。

二、技术实践

猪场全自动干清技术设计类型分为单斜坡平板式自动干清粪系统和 V 形斜坡自动干清粪系统。

1. 单斜坡平板式自动干清粪系统 根据畜舍长度和宽度设计平板斜坡粪沟，电机和集粪池位于畜舍一侧。污水管道位于过道中央，并根据现场污水收集管道情况设计坡度和流向。双向漏缝地板内侧污水经污水导管流入中央污水管道。粪沟及漏缝地板区位于过道两侧，单侧粪沟宽度 1.8m，刮粪板宽度 1.7m（其余 10cm 为内侧污水沟及机械滑轮位置），粪沟里、外侧垂直落差 5cm（坡度3°），粪沟内侧深度 25～30cm、外侧深度 20～25cm，实现粪尿分离。粪沟内侧污水沟收集污水经导管流入中央污水沟。污水沟及导管根据水流方向应有 0.3%～0.6% 坡度。

该技术方案粪尿分离相对有限，猪尿液及水会随着刮板连同粪便一起清出舍外，所以粪便含水率比较高，适用于生产末端配套有固液分离设施或沼气发酵处理工程的养殖场（图1-6）。

图1-6　平板式自动干清粪系统

2. V形斜坡自动干清粪系统　粪道在横向呈V形结构（图1-7），坡度为10%。在粪道下方埋设有导尿管，导尿管上部开有细长孔，尿液透过漏粪板到V形坡面之后流入中间的导尿管中。导尿管及粪道纵向坡度0.3%～0.6%。铺设导尿管用砂浆固定，保证导尿管在地沟中间位置；沟内回填，做沟底碎石垫层；浇注垫层，磨平，保证粪沟池底平整光洁。刮粪机刮粪方向与尿液排放方向相反。两个地沟为一个循环，刮粪设备向一边运行时刮粪，向另一边运行时刮尿（漏尿管内刮片随刮粪板角度翻转），实现粪尿分离。

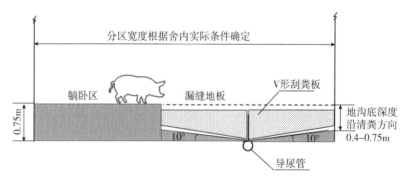

图1-7　V形斜坡自动干清粪系统的粪沟剖面示意图

刮粪机系统运行时，在钢丝绳的牵引下，两台刮粪机往相反的方向运动，其中一台的刮板落下进行刮粪，另一台的刮板抬起，当刮粪的那台刮粪机碰撞块碰到行程开关后，钢丝绳开始反向运动，此时两台刮粪机的动作与前一过程正好相反，当刮粪的这一台刮粪机碰到行程开关后，钢丝绳停止运转，此为一个刮粪周期。

该技术方案固液分离彻底，清出粪便干燥，污水中污染物浓度低、减排效果明显。粪沟的自然坡面与集污管道的纵向坡度设计，实现了粪与尿的自流式分离。同时，刮粪板中嵌入导尿管中的圆形插件，随着刮板的往复运动及时清除了漏入沉积在导尿管中的粪渣，可有效防止导尿管堵塞。该模式适用于配置堆肥工艺、厌氧好氧处理工艺设施的养殖场。

干清粪方式较水冲粪、水泡粪方式分别可节水 62.5% ~ 71.4%、40%~50%；生化需氧量（BOD）、化学需氧量（COD）、水质悬浮物（SS）、总磷（TP）、总氮（TN）五项主要污染物指标浓度比水冲粪和水泡粪方式均有显著降低，分别降低80%、88%、98%、79%、40%。

3. 半漏缝地板设计 为了方便猪舍粪尿收集，设施设计上采用全漏缝地板或半漏缝地板，为刮粪板设备的自动化使用提供了可能。全漏缝主要靠猪的踩踏使粪便从漏缝板漏入地下；而半漏缝则需要较多的人工，将猪排放在非漏缝地板上的粪便撒入漏缝地板上，再靠猪的踩踏排到地板下。从减少氨排放出发，建议使用半漏缝地板，或1/3 漏缝地板、2/3 地面覆盖。但是需要养殖初期引导新入猪舍的猪只在漏缝地板上排便，不在非漏缝地板上排便，保持地面清洁。约1周后猪就会习惯只在漏缝地板排便。这样既节约水冲猪圈舍，又可减少氨气的排放。漏缝地板下设计V字形收集尿液管道，尿液通过管道流入沼气池中。而猪粪则通过人工或机械刮粪板收集至贮粪池中，实现粪尿分离。粪便由刮粪板集中到圈舍外以后，需要连接堆肥工艺，可直接将粪便堆肥发酵。这样的衔接有利于缩短粪污在猪舍内的停留时间，有效降低舍内恶臭等有害气体浓度，使恶臭气体减排率达10% 以上，对舍内环境和养殖场卫生防疫具有改善作用。

第五节 猪舍保温节能技术

一、技术简介

北方猪舍冬季燃煤取暖,以确保母猪生产性能和仔猪成活率。由于传统猪舍建筑结构保暖性差,不仅增加能耗,而且影响生猪健康生长。通过计算猪舍墙体、屋顶、窗户、吊顶等不同建筑围护结构建筑材料的热工指标进行节能诊断,预测改造的节能减排幅度,结合投资分析,判断猪舍是否适宜节能改造。对于适宜节能改造的猪舍,设计猪舍围护结构改造方案并对猪舍进行节能改造,提高猪舍保温性能,减少冬季猪舍内热量向舍外的传递量。对于供暖猪舍,节能改造能达到节约供暖能耗的目的,同时减少 CO_2 的排放量;对于非供暖的育肥猪舍,提高猪舍内冬季温度有利于提高日增重。

建筑的外墙保温节能改造能保护主体结构,延长建筑物寿命,缓冲因温度变化导致结构变形产生的应力,基本消除热桥影响;同时,可使墙体潮湿情况得到改善。外保温墙体由于蓄热能力较大的结构层在墙体内侧,当室内受到不稳定热作用时,室内空气温度上升或下降,墙体结构层能够吸引或释放热量,所以有利于室温保持稳定。

与内保温相比,采用外保温方式对旧房屋进行节能改造,最大优点是无需临时搬迁,基本不影响室内正常生活生产。

二、技术实践

1. 老旧猪舍节能改造 猪舍节能改造包括猪舍墙体保温改造、窗户双层改造、地面水暖改造、吊顶安装及门改造等。外墙墙体保温按照《外墙外保温施工技术规程(聚苯板增强网聚合物砂浆做法)》(DB11/T 584—2008)施工。改造后的舍内 11 月中旬温度比未进行改造的猪舍温度高 3℃左右(图 1-8、图 1-9),为冬季生猪健康生长提供了良好环境。

图 1-8　保温节能改造猪舍

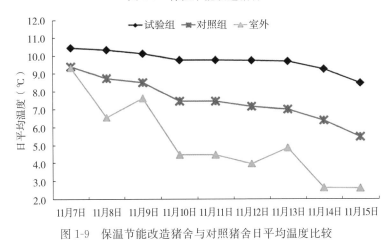

图 1-9　保温节能改造猪舍与对照猪舍日平均温度比较

　　在北方，通过猪舍节能改造，节煤减煤效果显著，万头猪场在采暖季可节约能源利用 $34\%\sim65\%$，一个采暖季减少 CO_2 温室气体排放 $10\sim32t$（表 1-6）。

表 1-6　猪舍节能改造节煤减排效果

项　　目	养殖场			
	一	二	三	四
外墙墙体保温面积（m²）	130	—	260	180
窗户双层改造面积（m²）	25	13.7	2.3	20

（续）

项　　目	养殖场			
	一	二	三	四
其他节能改造面积（m²）	地面水暖 50	圈舍门 1.6	屋顶 51、门 290	门 2.6
每个采暖季节煤量（kg）	4 480	10 175	13 365	8 370
每个采暖季 CO_2 减排（t）	24.4	10.7	32	20.1
节能减排幅度（%）	65	34	34	50

2. 新建节能环保猪舍　在东北地区建设一个年出栏万头的猪场，猪舍可不用燃煤取暖，利用猪群余热，节省能耗成本 70%，冬季可保持猪舍内 24h 温度稳定在20～22℃。由表 1-7 可见，节能环保猪舍与传统猪舍相比，基础建设投资高 36 万元，主要为保温材料的资金投入。

表 1-7　节能环保猪舍与传统猪舍 300 头母猪基础投资比较

类别	传统猪舍		节能环保猪舍	
	项目	投资（万元）	项目	投资（万元）
建筑面积	5 000 m²	150	3 600 m²	108
保温材料	屋顶 10cm 保温板、墙壁无	50	屋顶 15cm 保温板，墙壁 10cm 保温板	100
降温设备	风机、水帘、控制器等	20	风机、控制器	50
加热设备	锅炉及管道等	25	部分保温灯等	6
喂养设备	料槽及水料线	45	料槽及水料线	50
舍内建筑	水泥地面、半漏缝地板等	40	全塑料漏缝地板	52
合计投资	330		366	

节能环保猪舍运行费用较传统猪场运行费用低 32.3%，年运行费节约 36.4 万元，主要是节约燃煤及人工费用（表 1-8），减少燃煤带来的温室气体排放 65%（表 1-9）。

表 1-8 节能环保猪舍与传统猪舍运行成本对比

项目	传统猪舍		节能环保猪舍	
全场降温设备	夏季 3 个月（34kW），4 万 kW·h	2 万元	夏季 3 个月（40kW），6 万 kW·h	3 万元
	其他时间	0	其他时间（3.2kW），1.8kW·h	0.9 万元
产房保温灯	4 个	2 万元	3 个	1.5 万元
加热设备	煤（锅炉，60t）	4.8 万元	无加热设备	0
人工费用	10 人	30 万元	3 人	9 万元
10 年内设备更换及维修费用	15 万元		3 万元	
合计	53.8 万元		17.4 万元	

表 1-9 节能环保猪舍与传统猪舍减排效果对比

项目	传统猪舍	节能环保猪舍
生产用电（万 kW·h）	4.0	7.8
消耗每千瓦·时电碳排放（kg）	0.829	0.829
消耗电的碳排放总量（kg）	33 160	64 662
消耗每千克煤碳排放（kg）	2.52	2.52
消耗煤的碳排放总量（kg）	151 200	0
消耗电、煤的碳排放总量（kg）	184 360	64 662
减少碳排放（%）		64.92

第六节　猪舍饮水改造节水工艺

一、技术简介

猪舍饮水设施是现代化养猪必需设备。目前，规模养殖场应用较普遍的饮水器是鸭嘴式和乳头式。但监测数据表明，因猪只玩耍及饮水器压力过大等造成的浪费水量占到猪场用水量的近50%，饮用水浪费不仅增加了污水产生量，加大了后续污水处理难度，而且容易造成舍内空气环境质量恶化。

节水型饮水器技术可有效地解决水资源浪费问题。该技术通过安装水位控制器自动调节出水量，当水位低于出水口时，进水开关打开，自动补水；水位高于出水口时，则停止供水，使饮水器水位始终保持在适宜水位，避免猪只玩耍浪费水，实现自动控制、定额供水，减少生产末端的污水排放量。节水型饮水器技术的关键点是在出水控制方式上采用水位感应，在饮水碗与水管连接处安装液位控制器，通过液位控制器感应，自动开启或关闭进水口开关，保证饮水碗内水位控制在适量范围内，有效减少猪只嬉水造成洒漏浪费。

二、技术实践

安装节水型饮水器可实现节水减排目标，年出栏万头的猪场每年可节约用水量约1.5万t，节约水资源费5万多元，节约污水处理费约3万多元（图1-10）。

图1-10　猪舍传统饮水与节水型饮水器

使用饮水碗。当猪饮水时会优先饮用碗中的水，只有碗中没水时猪才会拱动水阀放水，这样既保证了生猪饮水的干净卫生，还可以防止漏水污染饲料。据统计，饮水碗饮水比传统鸭嘴式饮水器节水达30％以上，可有效降低污水产生量。另外，饮水给药时，在节约饮水的同时也节约了用药，用药效果更好。

节水型饮水器与自动干清粪工艺结合，节水效果十分显著。与人工干清粪及鸭嘴式饮水器工艺相比较，全自动干清粪与碗式饮水器模式可减少生产用水38％～43％（图1-11）。按照万头规模猪场计算，年可节约生产用水1.90万～2.81万t，平均为2.36万t。

图1-11　水位控制型碗式饮水器

（图中标注：连接饮管、水位控制计、饮水管、饮水槽）

第七节　猪场生态湿地循环利用技术

一、技术简介

北京现代农业产业技术体系生猪创新团队在北京平谷区万头规模猪场示范应用猪场生态湿地循环利用技术，进行种养一体化生产与经营，实现了猪场粪污全量资源化利用。该养殖场自有种植果园2.2hm²，养猪粪污经过厌氧、好氧及湿地处理后，用来生产水生植物饲料，建立了液相循环系统；其次，厌氧过程中产生的沼气，燃烧后产生二氧化碳，水生植物饲料光合作用吸收二氧化碳，构成气相循环系统；最后，厌氧形成的沼渣沼液用于周围园田，园田产出的饲用南瓜及枝叶，作为生猪养殖的原料，构成固相循环系统。将固、液、气三相系统有机结合起来，形成黑膜沼气池、生物携氧曝气及人工湿地系统于一体的粪水处理模式，处理过程中将自然再生产和经济再生产有机结合，利用自然力实现了粪污资源化，通过饲料、水生绿植、观赏鱼和有机果品生产等实现了投资增值，形成了多系统循环模式，实现了水循环利用、粪便资源化、处理过程绿植化、固碳减排和低成本运行（图 1-12）。

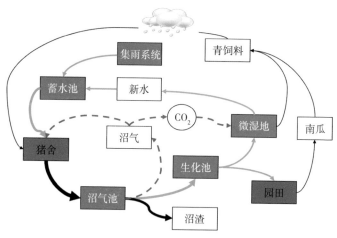

图 1-12 固、液、气三相循环系统

二、技术实践

（一）粪污生物处理工艺

猪场粪污的处理采用生物处理循环利用技术。粪水处理的技术环节包括雨污分离和废水收集、应用黑膜厌氧发酵、生物携氧曝气一体化及人工湿地处理。具体处理流程如下（图 1-13）：

1. 雨污分流，废水收集 构建一套雨污分流系统，废水通过废水管收集到废水调节池。

2. 进入黑膜厌氧池进行厌氧发酵 由调节池通过液位控制泵将废水自动泵入黑膜厌氧池进行厌氧发酵，同时不定期加入微生物制剂，促进厌氧发酵效果（图 1-14）。

3. 兼性厌氧处理 废水由黑膜厌氧池自动溢出到兼性厌氧池，

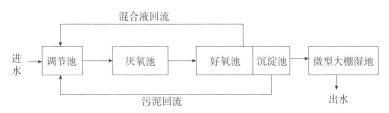

图 1-13 猪场粪污采用生物处理循环利用处理流程

进行兼性厌氧处理。

4. 生化曝气 废水由兼性厌氧池泵入生化池中进行曝气处理，曝气池中添加仿生携氧材料，控制好氧发酵。仿生携氧材料可提高氧气利用率，降低曝气成本，提高处理效率 4 倍以上。

图 1-14 黑膜厌氧池

5. 微型大棚湿地处理 见图 1-15。经过生化处理后的水进入微型大棚湿地，生产水生蔬菜和青绿饲料，使水质得到进一步净化。经有资质的检测机构检测，水质符合《城镇废水处理厂水污染物排放标准》（DB 11890—2012）一级 B 标准。

利用微型大棚湿地处理水的过程中，实现了多项功能。一是利用自然力解决了水的深度净化，有利于成本控制；二是种植水生植物，为猪只提供青绿饲料，改善母猪的泌乳性能、减少便秘，改善

图 1-15 微型大棚湿地处理

育肥猪的肉品质；三是养殖观赏鱼，既可作为水质指示性生物，又可增加经济效益；四是处理过的水经过消毒后，进行圈舍的冲洗利用。

微型大棚湿地占地小、易复制，有效解决了华北地区冬季湿地越冬问题，也保证了水生蔬菜和青绿饲料的四季均衡供应，成为处理过程的增值点。

（二）采用的关键技术

1. 携氧曝气处理技术　是指应用携氧载体新材料与携氧曝气一体化处理废水的工艺技术。该携氧材料是类似于人体血红蛋白的仿生学材料，具有抓取、承载和释放氧的能力，通过提高水中的溶氧量来降低废水处理的费用和提高废水处理的效率。新型材料可以显著提高水体中溶解氧含量 4 倍以上，这在好氧处理技术中起到决定性作用，是废水高效处理的关键，溶解氧含量决定着整个好氧工艺的效率（图 1-16）。

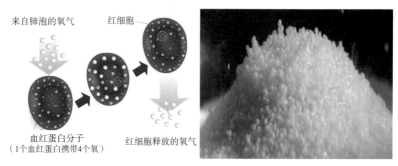

来自肺泡的氧气　　红细胞

血红蛋白分子
（1个血红蛋白携带4个氧）

红细胞释放的氧气

图 1-16　血红素细胞（红细胞）携氧模式图与新型携氧材料

2. 水生饲料系统与黑膜厌氧池叠层结构体　利用气压-水压平衡原理，在原有的黑膜厌氧池上形成塌陷，在塌陷处加入适量湿地处理过的水，即黑膜上的水及水生植物产生的重力与黑膜厌氧池中的沼气所产生的向上的气压平衡，使其维持在一个相对稳定的系统，这样就形成了水生饲料系统与黑膜厌氧池叠层结构体，既可增加贮存水的能力和水生饲料生产面积，又可美化黑膜厌氧池的外观（图 1-17）。

3. 粪肥还田机制　处理过的粪水可直接用于果园灌溉，经过

图 1-17 黑膜厌氧池叠层结构体

消毒后，还能进行圈舍的冲洗利用。猪粪经过厌氧发酵后形成沼渣，根据土地需要和承载量直接用于果园施肥，增加土壤的有机质含量，提高作物产量。树下间种饲料南瓜，形成了固相循环系统。其中，南瓜年产 25t，可替代部分饲料，降低养殖成本。南瓜富含维生素和能量，产量高，易种植，无需管理，好存放，利用方便。种植南瓜可以大量消纳沼渣。

（三）实施效果

1. 投资成本　固定资产成本为 120 万元，使用年限 30 年，固定投资残值率按 4% 计算：120 万元×（1－4%）/30 年＝3.84 万元/年。

2. 运行成本

电费：包括 3 个水泵、2 个交替运行的可调频曝气用空压机，实际运行总功率 7.500kW，该养殖场每千瓦·时电 0.5 元，1 年共计电费 7.5kW×24h×365d×0.5 元＝3.28 万元。每天处理废水约 50m³，1 年共处理废水 50m³×365d＝18 250m³。处理每立方水电费 1.8 元。

人工费：整个系统由 1 名养猪的工人兼职负责巡视管理，月工资按 3 200 元计算，一年 12 个月，每天耗时按 1h 计算，计 1/8 个工，每年人工费用为 3 200 元/8×12 个月＝0.48 万元。

材料消耗费用：微生物菌种和水生植物种苗不定期投入，每年费用约 1 万元。

上述每年总共运行费用：3.28 万元＋0.48 万元＋1 万元＝4.76 万元。

3. 经济效益

青绿饲料：微型大棚湿地年产青绿饲料 7 500kg，年收益约 0.26 万元。

花卉收益：生化池浮床及微型大棚湿地每年可以产生约 3 000 株花卉苗（耐污染美人蕉），目前市售参考价约每株 3.0 元，每年增收 0.9 万元。

锦鲤收益：微型生物湿地每年可养殖锦鲤 300 尾，按照市售参考价约每尾 50 元，每年增收 1.5 万元。

果园增收：果园的所有用肥用沼渣完全替代，果园共 2.2hm²，每公顷节省成本 26.67 元，每年可以节省费用约 1.32 万元。全果园按有机标准生产，水果品质也有所提高。

果园间种南瓜：南瓜年产 25 000kg，年收益 0.88 万元。

沼气效益：沼气用于烧饭和冬天取暖。猪场存栏 3 500 头（出栏 7 000 头），按 1 头猪每天产气量为 0.1m³（按南方地区的 1/2 计），每立方米 0.2 元计算，则 1 年可以产生约 2.56 万元。

节水收益：经过净化的新水用于果园浇灌，每年节水约18 250 m³，按北京市关于农业灌溉用水的有关规定，在额定用水范围内，每节省 1m³ 地下水，平均节约用水费用 0.5 元，同时国家补助 1.0 元计算，每年可以节约用水费用 2.74 万元。

上述每年收益总和：1.66 万元＋2.2 万元＋2.56 万元＋2.74 万元＝9.16 万元。

该示范点环保投入的年收益＝经济效益（3）－投资成本（1）－运行成本（2）＝9.16 万元－3.84 万元－4.76 万元＝0.56 万元。

综上所述，目前整个系统投资、运行基本做到废水处理零成本。如果将每猪年提供断奶仔猪数量（PSY）增加、有机果品价值提升等间接收益算入，则经济效益更高。

4. 环境效益

（1）利于发展养猪业的节水养殖　　我国是一个缺水的国家，特别是近年来地下水位大幅下降，水资源的保护、利用和开发显得尤为重要。受水资源短缺大环境的影响，养殖业也在发生变革，全国各地都在积极应对。这种新的养猪节水模式正在生成和发展，对我国水资源匮乏的今天以及未来具有重要意义。

（2）利于实现变废为宝的资源化利用　　项目实现猪粪和废水的无害化处理和利用，减轻了环境压力。该技术的应用，可使废水回用率达到 90%，碳排放减少 50%，在实现污染"零排放"的同时，实现了温室气体的减排。该场采用沼气处理全部废水，统计肠道甲烷、粪便处置及能源利用排放，2018 年减排量为 430t CO_2。

（3）利于改善生产环境和生活环境　　清洁生产的实现，也为农业、农村环境的改善提供了有力保证。项目实现了废水治理，改善了猪场的生产环境，降低了环境恶化对猪场带来的潜在影响。项目改善了环境，减少了蚊蝇的滋生，改善了猪场员工的生活环境，降低了猪场对周围环境的不良影响及对地下水等资源污染的风险。

第八节　猪场沼液管网化还田技术

一、技术简介

牧原食品股份有限公司坚持"源头减量化、过程无害化、末端资源化"的环保理念，通过控制源头粪污产生，建设完善的粪污无害化措施，广铺管网，探索猪场沼液管网化还田技术，实现了粪污全部就地就近资源化利用，使农户增产增收，切实打通了畜禽粪污资源化利用"最后一公里"，同时降低了养殖场粪污处理成本，提升了土壤地力，实现了经济、社会和生态价值"三赢"。（图 1-18）。

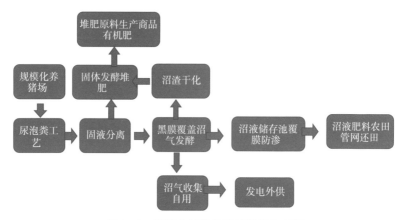

图 1-18　粪污全部就地就近资源化利用

二、技术实践

（一）沼液管网化还田

某集团湖北分公司年存栏生猪 14 万头，猪舍采用漏缝地板，猪粪尿经漏缝地板落入猪舍下部的粪尿储存池。猪出栏后一次性清出猪舍贮粪池集蓄的猪粪尿，对其进行固液分离处理，生成粪渣和粪水。粪渣送有机肥厂进行堆肥处理制成有机肥，供农田施肥使用。粪水送入厌氧沼气池进行无害化处理，年产生沼气 90 万 m^3、沼液 17.8 万 m^3、固粪和沼渣 6 000t。沼气供应场内锅炉燃料，剩余部分外包第三方用于发电，所发电力首先以优惠价格供公司使用，余电上网销售。沼液通过配套铺设沼液施肥管网 3.35 万 m，就地就近免费提供给农户，辐射农田 500hm²；沼渣集中运送到有机肥处理中心，制作成有机肥外售。这些利用方式使得粪渣、沼气、沼渣和沼液全部得到回收利用。

1. 建设沼液储存池，确保粪水存得住　结合养殖场所在区域的气候、作物种植及农民施肥特点，设计沼液储存池，储存能力为6～9 个月，沼液储存池通过压实土膜、铺设 HDPE 防渗膜和混凝土层、顶部覆盖 HDPE 膜等工艺，实现不渗漏、无臭气，肥水不外排。

2. 广铺管网，辐射足够的消纳土地 结合区域种植作物、养殖规模核算养殖场区需匹配的农田面积，实际铺设面积为理论面积的 1.5 倍左右，在场区 1～10km 半径范围内规划支农管网（U-PVC，埋深 0.6～1.0m，压力 1.0MPa，防止耕作破坏），在田间地头每隔 30～80m 设置一个可快速连接的管网接口（图 1-19），免费提供给农户使用。

图 1-19 沼液输送管网接头

广铺管网，保证足够的消纳土地，实现沼液"饥饿营销"，同时规避部分农户不理解、不愿意使用沼液及轮作等造成的运营风险。

3. 测土施肥，科学消纳 监测沼液和土壤营养成分背景值，在作物施肥前期对预施肥地块取样，检测土壤、沼液营养成分，计算替代化肥量，提出配方施肥方案，精准施肥，以最小的肥料投入满足作物生长，避免浪费和营养富集。

4. 组建农业技术服务团队，线上线下培训与指导 组建农业技术服务团队，将场区周边社区的农户纳入农业技术服务体系，依据作物生长情况适时开展农业技术服务，对环保运行及农户进行作物种植、生产管理等线上、线下的技术培训，并对实施农技服务的农户建卡，一户为一卡，十户为一档，进行作物全周期生长指标及土壤、肥料等的数据收集分析指导。

5. 建立试验示范田，引导农户科学施肥 该公司农业技术服务团队结合片区环保运行人员，针对不同片区特色作物进行沼液应用技术研究。截至目前，已在 53 个县区完成花生、苹果等 20 余种作物试验示范。农户通过使用沼液获得节约肥料及增产增效的效果，促进了农民自愿用沼液施肥的积极性。

6. 追踪监测农田及地下水质量，分析评价沼液施用对环境的影响　各养殖场绘制沼液施肥管网图，在常年进行沼液施肥的地块，每年两次定时定点对地下水及土壤进行取样检测，分析土壤和地下水中有机质、氮、磷、钾及硝态氮、盐分、酸碱度及重金属等含量，持续记录和分析比较，结果表明沼液还田提高了土壤肥力，未对地下水及土壤造成污染。

(二) 碳减排途径

该公司种养循环模式，主要有两种资源化利用和减排途径。

(1) 利用猪场粪水生产沼气，沼气外包第三方发电回供或外销，降低企业的净电力购入量，具有减排作用。

(2) 利用猪场粪渣制作有机肥，沼渣和沼液全部施用到农田中，可以替代化肥投入，同时提升农田土壤有机质含量，具有固碳作用。

(三) 碳减排量计算

1. 沼气回收利用减排量　2018 年公司年产沼气 90 万 m^3，沼气中含 55% 的甲烷，计算得出沼气回用实现碳减排为 8 291.65 t CO_2e。

2. 农田固碳减排量　湖北属于中温带气候带，土壤有机碳库缺省值每公顷 68t C。农田长期、充分耕作，施有机粪肥，其库变化因子分别为 0.8、1.0 和 1.37。以不施有机肥作为对照，其肥料投入库变化因子为 1.0，计算得到土壤固碳量为每年每公顷 1.01t C，折合相当于每公顷农田土壤固定 3.70t CO_2e。公司配套 449.8 公顷农田消纳养猪粪污，相当于每年固定 1 664.26t CO_2e。

3. 各种措施减排占比　根据上述计算，该公司每年可实现减排固碳 9 955.91t CO_2e。其中，沼气回用措施的温室气体减排占 83.23%，土壤固碳占 16.72%。

第二章

奶牛低碳养殖技术

奶牛低碳养殖技术，包括全混合日粮饲喂和青贮调制技术、奶牛高效繁殖减排技术、奶牛甲烷抑制减排技术、"奶牛保姆行动"服务技术和奶牛养殖多级循环技术等。示范效果表明，应用全混合日粮和青贮调制技术，可使产奶量增加 2.36%，碳排放减少 5.3%。应用优秀性控冻精及定时输精等高效繁殖减排技术，可盘活牛群有效存量，使繁殖效率提高 17.11%，降低单位奶产品生产的资源消耗量，减少废弃物排放量，使碳排放减少 16.2%。应用早期诊断技术，可使奶牛的无效饲养时间降低17～32d，每年多产奶 24.5d，减少碳排放 8.40%。应用甲烷抑制技术，对奶牛产奶量没有显著影响，但可使乳脂率提高 5.5%，奶牛肠道甲烷排放减少 6.6%。规模奶牛场集成应用奶牛高效低排放技术，既可提高生产效益，又可减少温室气体排放，对加快奶牛养殖企业绿色转型发展具有促进作用。

第一节　全混合日粮和青贮调制技术

一、技术简介

全混合日粮（total mixed rations，TMR）是一种将粗料（干草、青绿饲料、青贮、糟渣等）、精料、矿物质、维生素和其他添加剂充分混合，能够提供足够的营养以满足奶牛需要的饲养技术。应用全混合日粮配制及投喂技术和青贮调制技术，可提高饲料利用率 20% 以上，提高奶牛场产奶量 6%~8%，改善牛瘤胃功能，减少碳排放 5.3%。

TMR 饲养技术在配套先进的技术措施和性能优良的机械基础上，能够保证奶牛采食的每一口日粮都是精粗比例稳定、营养浓度一致的全价日粮。目前这种成熟的奶牛饲喂技术在以色列、美国、意大利、加拿大等国已经普遍使用，我国正在逐渐推广使用。

全混合日粮是按照反刍动物不同生理阶段的营养需要，把切成（揉搓）适当长度的粗饲料、精饲料和各种营养添加剂按照一定的配比进行充分搅拌混合而得到的一种营养相对均衡的日粮。调配奶牛全混合日粮，需要综合考虑营养性、适口性、协调性、稳定性、多样化、饱腹感等因素，协调好各个要素之间的关系，遵循营养性与适口性相结合、协调性与稳定性相结合、多样化与饱腹感相结合的调制原则。

二、技术实践

（一）全混合日粮调制技术

奶牛全混合日粮的配制，在混合之前，必须对原料尤其是粗饲料进行适当的预处理，才能保证日粮搅拌混合均匀。而在日粮混合的过程中，还要注意原料装填顺序，调节好水分含量，控制好搅拌时间，否则调制出的 TMR 可能不符合要求，也就达不到预期的饲养效果。

1. 原料调控　无论是青绿饲料、青贮饲料、青干草、农副产品、糟渣等粗饲料，还是玉米、麦类、饼粕等精饲料，必须保证原料品质优良，注意清除其中的异物，以及霉败变质，遭受鼠害、虫害的部分；同时，还要根据日粮配制的特点，对原料进行初步的粗加工，如切短、粉碎等。立式 TMR 搅拌机功能强大，大型草捆可直接投入，不需要切短处理。

2. 程序调控 向 TMR 搅拌机内投放饲料原料，应遵循"先干后湿、先精后粗、先轻后重"的原则，逐渐添加各种饲料原料。如果采用卧式 TMR 搅拌机，投料顺序依次为干草类、精料类、青贮类、糟渣类；如果采用立式 TMR 搅拌机，投料顺序依次为干草类、青贮类、糟渣类、精料类。采用边投料边搅拌的方法，装填总量不可太多，一般以占 TMR 搅拌机总容积的 60%～75% 为宜。在向 TMR 搅拌机内装填原料时，要注意认真观察、严控过程，及时捡出各种杂质或异物，严禁将铁器、石块、塑料袋、包装绳等混入 TMR 搅拌机内，以免造成机器损伤并影响全混合日粮的品质。

3. 水分调控 TMR 的水分含量对奶牛采食影响非常大，含水量越小，奶牛越容易挑食；但含水量过大，会限制奶牛对干物质的采食量。因此，加工调配 TMR 时，合理控制含水量非常重要。TMR 的最佳含水量为 35%～45%。在此范围内，冬季可稍低一些，夏季可稍高一些。精饲料的含水量一般为 12%～14%，干草、秸秆的含水量一般为 14%～17%，而糟粕饲料、青贮饲料、青绿多汁饲料含水量都为 60% 以上（半干青贮含水量 40%～55%），所以可使用糟渣饲料、青贮饲料、青绿多汁饲料等含水量高的饲料原料调节 TMR 含水量。在充分利用糟渣饲料、青贮饲料的基础上，如果 TMR 含水量不能达到要求，就需要调整日粮配方，利用青绿饲料进行适度调节。当含水量较低时，可减少干草用量，相应增加青绿饲料用量；相反，则增加干草用量，同时减少青绿饲料用量。青绿饲料缺乏的季节，如果原料含水量较低，也可直接向 TMR 搅拌机内喷洒清水。加水量可通过计算确定，也可通过手感来判断，以精料刚好全都沾在干草上为宜。调制 TMR 的理论基础是保证奶牛最大干物质采食量，这需要尽量多地使用干草、秸秆等粗饲料，青绿多汁饲料只是用于调节水分、增加饲料适口性，不是 TMR 的主要成分，应用时青绿饲料必须预先切短，而甘薯、胡萝卜等根茎类饲料则需要洗净后切碎。

4. 时间调控 日粮在搅拌混合过程中，会伴有一定程度的揉搓和切割，搅拌时间不足，粗料过长，混合不均匀，饲喂时奶牛会挑食，从而出现剩草现象，甚至因采食精料过多而引起瘤胃酸中毒；搅拌时间过长，会导致过度混合、饲料切割太短，也不利于奶牛健康。因此，在 TMR 调制过程中，要注意掌握适宜的搅拌时间，原则上应确保搅拌后日粮中有 15%～20% 的粗饲料长度大于4cm。不同原料的适宜搅拌时间有所不同，如干草类需要 10～20min、青贮类 10～15min、糟渣类 5～10min、精料补充料 2～5min，最后一种饲料加入后搅拌 4～8min 即可。整个搅拌的全部时间控制在 25～40min。具体的搅拌时间，应根据饲草情况并参阅TMR 搅拌机操作指南加以确定。

5. 手工制作　TMR 的特点在于将各种饲料原料充分搅拌，用更精准、更均匀的日粮组成满足奶牛的营养需要。小型养殖户如果没有专用的 TMR 搅拌机，完全可以用手工方法制作 TMR。①预先加工：将精饲料进行粉碎处理，将秸秆、干草等粗饲料切短至3～4cm。②分层铺撒：根据奶牛每天的日粮用量，准确称量各种原料，选择平滑干净的水泥地面，按照青贮类、干草类、糟渣类、精料类的顺序依次均匀铺撒各种原料。③手工搅拌：使用铁锨等翻拌工具，从料摊的一侧向另一侧翻拌，经过多次翻拌，直到将各种原料混合均匀为止。

（二）青贮调制技术

青贮饲料的消化率高，适口性好，能够最大化保留青绿饲料的原有特点，改善动物食欲，保存时间长，是大规模畜牧业养殖的极佳饲料。青贮饲料的加工与调制具有一定的技术性，科学制作青贮饲料能够延长其保存时间，保证营养价值。

1. 青贮饲料调制工艺流程

（1）收割　青贮饲料的种类较多，如全株玉米，其收割期为乳熟后期至蜡熟前期；半干原料的收割期为蜡熟期；豆科牧草的收割期为开花前期；玉米秸秆的收割期为完全成熟期前 15d，并在收割前做摘穗处理；禾本科牧草的收割期为抽穗期。

（2）运输　收割完青贮后应立即运走，避免其长时间晾晒于阳光下，导致水分或营养流失。

（3）切碎　使用铡草刀或机器将原料切碎，长度以 3～4cm 为宜。切碎处理能够使青贮温度达到 30℃ 左右，进而形成厌氧环境，利于乳酸菌等菌种繁殖。切碎是保证青贮成功的关键。

（4）调节水分含量　青贮饲料的最佳含水量为 65% 左右，如果原料的含水量较大，可在阳光下适度晾干后再加工。在入窖前期无须对原料进行加水处理，在装填至距离青贮窖口 60cm 左右时开始加水；若玉米秸秆的湿度不大，可在装料至一半时逐量加水；若其较为干燥，则在装料厚度为 50cm 时逐量加水。应坚持边装料边加水、先少量后多量的加水原则，并在加水期间将原料压实。

（5）装填与压实　原料每装 40cm 左右便应进行一次压实。若制作黄贮，可在压实后添加 1% 左右的玉米面，或每吨原料中添加 0.5g 纯乳酸菌剂和 85% 甲酸 2.85kg，也可加入 0.5% 尿素。

（6）密封　装填完毕后应立即密封，原料的装填高度多比窖口高 30cm，可使用塑料膜将其严密覆盖，并用土再覆盖 40cm 左右，将遮雨布盖在土面上，避免淋雨潮湿。

（7）管护　密封后，在青贮窖四周距离 20cm 处挖一排水沟。若雨水较多，则应在窖上搭棚，并注意检查窖顶的完好性；若有裂缝，应用土压实。

（8）开窖　禾本科原料的开窖时间为密封后 30～40d，豆科原料的开窖时间为密封后 2～3 个月。

（9）取料及饲喂　取料时由上层至下层切取，横切面应垂直于窖壁并从一头取料，禁止掏洞或全面打开取料，应缩小横截面，随用随取，取完后直接密封好。若中途不再取料，应将窖口封闭严实，避免其漏水或透气。饲喂时应先少量再逐渐增加，使牲畜能够适应青贮饲料。

2. 青贮饲料调制加工的常用添加剂

（1）微生物添加剂　青绿饲料表面包括多种有益微生物，其与有害微生物间的比例约为 10∶1。可在青贮饲料制作过程中加入适量的乳酸菌，以促进发酵反应，降低酸度，使有害微生物停止活动。微生物添加剂的常见制作方法是将淀粉、乳酸菌或淀粉酶等物质按照特定比例配制。微生物添加剂能够确保青贮发酵过程的低损失性、低温性和快速性，且能够提高青贮的稳定性。

（2）不良发酵抑制剂　作用是抑制原料表面的微生物生长过程，其中以甲醛与甲酸最为常见，其次为乙酸、无机酸和乳酸等。若原料的糖分含量较少，难以实现青贮目的，则可适量添加甲酸。豆科原料的甲酸添加量是湿重的 0.5%，禾本科原料的甲酸添加量为 0.3%，混播牧草的甲酸添加量为 0.4%。

（3）好气性变质抑制剂　常见的为丙酸、焦亚硫酸钠、己酸和氨，其作用是对二次发酵产生抑制功效。当丙酸的添加量为 0.4% 时，霉菌或酵母菌的繁殖会明显受到抑制；当添加量为 0.8% 时，70% 的霉菌或酵母菌会停止繁殖。

（4）营养性添加剂　常用的是碳水化合物和无机盐类。碳水化合物的主要类型为谷物或糖蜜，可改善原料的发酵过程。糖蜜在豆科原料中的添加量是 6%，在禾本科原料中的添加量是 4%。谷物中的淀粉可生成淀粉酶，进而被乳酸菌所利用。可在每吨原料中添加 50kg 的大麦粉，以保证青贮质量。无机盐的主要类型为石灰石，可在每吨原料中添加 5kg 左右的碳酸钙。食盐的添加量为 0.4%，可减少醋酸，提高乳酸含量，进而改善饲料品质。

青贮饲料在发酵作用下会散发出芳香气味，且柔软性佳，便于咀嚼，能够提高动物的适口性（图 2-1）。将夏秋季富余的饲料有效保存，能够为动物均衡供应其生长发育所需的营养物质。青贮饲料的调制方法较

图 2-1　饲喂青贮饲料

为简单，且饲料的贮藏效果受自然环境影响较小，可随用随取。贮藏青贮饲料的空间较小，无须设置存放场地，不会发生火灾等事故，安全性高。同时，青贮可避免秸秆出现发霉情况，可保留其内部水分，避免因霉变导致经济损失。可通过精准的 TMR 和优质的青贮调制技术科学配制日粮，满足奶牛的营养需求，提高饲料利用率。

第二节　奶牛高效繁殖减排技术

一、技术简介

繁殖是奶牛产业中的重要环节。在过去几十年中，世界奶牛繁殖性能整体呈下降趋势，限制了全球奶业的可持续发展，造成了巨大的经济损失。奶牛繁殖性能降低与人们一味追求奶牛高产及长期忽略奶牛繁殖性能的选育有关。奶牛高效繁殖技术是解决这一现状的有效途径之一。高效繁殖技术不但是确保奶牛终身产奶量和经济效益的关键，也是决定奶牛使用寿命的主要因素之一。

20 世纪 40 年代以来，人工授精、胚胎移植、计算机等技术的成功应用为奶牛繁育工作注入了强大的动力，推动了奶牛繁育不断革新，使奶牛种质得以大幅度提升。我国奶牛繁育技术研究的起步时间比发达国家晚很多，真正深入研究和应用是在 20 世纪 70 年代后才逐步走上正轨，取得了一系列重大研究成果并开始推广应用，目前已成为奶牛生产的常规繁殖技术，但与发达国家相比仍然存在一定的差距。

（一）人工授精技术

1. 常规精液人工授精技术　精液低温冷冻保存技术对人工授精技术的发展产生了深刻影响。人工授精技术迅速得到推广普及，成为迄今为止奶牛繁殖工作中最重要的生物技术之一。在奶牛繁殖中应用人工授精技术可使优秀种公牛获得更多后代，迅速扩大其高产特性在奶牛群体中的影响；通过精液低温冷冻保存使得优秀种公牛的使用不再受时间和地域限制，可最大限度地发挥优秀种公牛在奶牛遗传改良中的作用。在奶牛人工授精后补充孕酮也是提高其受胎率的办法之一。目前，奶牛常规精液人工授精操作技术已经十分成熟，在奶牛产业中的应用十分普遍。

2. 性别控制精液人工授精技术　自 1999 年利用冷冻的性别控制（简称性控）精液人工授精获得世界首例性控犊牛以来，随着对该技术研究的深入与不断宣传，人们对性控繁育的认识逐渐提高，应用也越来越多。目前，我国国内有加拿大爱德现代牛业发展集团、内蒙古赛科星繁育生物技术股份有限公司、天津 XY 种畜有限公司、大庆田丰生物工程有限公司等几家公司进行性控精液的生产和应用研究，这些单位应用流式细胞仪（X、Y 精子分离仪）生产的奶牛性控冻精为我国奶牛性控繁育奠定了良好基础。据统计，截至 2007 年 12 月，累计在全国应用性控冻精约 20 万剂。2010 年，马毅等进行了荷斯坦性控精液与常规精液输精对情期受胎率及犊牛性别影响的试验，结果表明性控精液可显著提高雌犊率。此外，研究还发现，参配的母牛类型也影响性控精液输精的情期受胎率，青年牛人工授精的效果显著优于经产母牛。以牛场存栏牛 5 000 头左右，每年约有 650 头育成牛转群配种为例，根据犊牛市场价值估算，使用性控精液配种比常规精液配种每年仅初生犊牛一项即可多盈利 15 万余元。使用性控冻精对奶牛进行人工授精，具有产母犊率高、操作简单及获得利润高等常规精液不具备的优点，所以很适合向规模化、产业化发展的中小型奶牛场快速扩群。这一技术的推广，加快了优质高产奶牛繁育的速度，提高了奶牛种群的质量，盘活了牛群有效存量，提高了群体产奶量，降低了单位产奶量对资源的消耗，减少了废弃物排放和奶牛肠道甲烷排放，有良好的经济和生态效益。

（二）胚胎移植技术

1. 常规胚胎移植技术　1964 年日本成功获得第一头非手术胚胎移植牛。1972 年世界上第一个胚胎公司在加拿大阿尔伯达省诞生。牛的非手术移植技术于 1977 年开始商业化应用，目前有 13 个国家成立了数百家商业化胚胎移植公司。日本于 1984 年开始推广胚胎移植技术，目前每年出生的胚胎移植犊牛在万头以上。2002
年，美国生产牛胚胎 17 余万枚，平均每头供体牛获可用胚 7.5 枚，
其中肉牛胚胎占 58%、奶牛占 42%，鲜胚占 34.7%、冻胚占
65.3%；移植后的鲜胚受胎率为 62.7%，冻胚受胎率为 50.0%，
人工授精胚胎受胎率达 50.0%。当前商业性胚胎移植的水平，非
手术移植鲜胚妊娠率已超过 60%，冻胚移植妊娠率平均为 50%。
20 世纪 90 年代以来，在世界范围内家畜胚胎移植技术的发展已经
从鲜胚移植发展到冻胚移植，从整胚移植发展到分割胚、嵌合胚、
核移植胚及转基因胚胎移植。目前，中国胚胎移植产业化进程仍受
熟练技术人员缺乏、移植成本较高、规模化程度较低等因素
制约。

　　2. 性控精液结合胚胎移植技术　　目前，胚胎移植技术主要与
性控精液技术相结合，用 X 或 Y 性控精液对经超数排卵处理的供
体牛进行配种，随后对超数排卵的供体进行胚胎回收，用于生产性
别确定的良种奶牛。1 头母牛每年可提供 15～16 枚可用胚胎（按
照每年进行 3 次超数排卵处理），这样直接移植每年可产出 10～11
头犊牛。以加拿大爱德现代牛业发展集团为例，其所建立的性控精
液生产基地每年可提供加拿大前 100 名的种公牛性控精液 10 万支，
其性别选择率稳定地保持在 90% 以上。该集团同时在魁北克建立
了胚胎生产基地 ILI 公司，与大型屠宰场签订购销合同，基本独享
加拿大奶牛卵巢资源。集团充分利用北美高产奶牛的卵巢资源，已
经形成了年产奶牛胚胎 10 万枚的生产能力，按照冷冻胚胎移植后
最终产犊率平均为 35% 左右，每年可产 3 万头年产奶量为 8t 的高
产奶牛，可替换 6 万～9 万头低产奶牛。该集团同时在中国建立集
产、学、研一体的产业化胚胎移植基地，培养了近 50 人的技术熟
练的移植队伍，同时利用合作移植的机会为各地培养了近 100 名胚
胎移植技术人员，形成了一个良好的产业体系，并推动了中国奶牛
的改良与中国奶牛业的发展。利用性控精液与胚胎移植的结合能够
将国外优良品种的基因以比较低廉的价格引进中国，在短时间获得
纯种北美基因的高产奶牛群，并且得到大量高产奶量的母牛，迅速

更新中国的奶牛群体，使中国奶牛业由"小、散、低"的现状向集中、高效、专业的产业化方向发展。

3. 胚胎性别鉴定结合胚胎移植技术 胚胎性别控制也是奶牛繁殖性别控制的有效手段之一。利用胚胎性别鉴定和胚胎移植也可有效进行性别控制，促进优质奶牛繁殖，获得较好的社会和经济效益。

二、技术实践

（一）奶牛繁殖管理软件的应用

奶牛繁殖是改善牛群质量、扩大牛群规模的根本措施，而奶牛繁殖管理工作是保证奶牛繁殖工作顺利开展的有效措施之一。国外奶牛业发达国家都已经采用牛群繁殖管理软件来实现奶牛繁殖的智能管理。使用奶牛繁殖管理软件有利于高效快速了解奶牛群体的发情及受孕情况，从而找出及时、正确的处理方法。目前，国际上开发的奶牛综合管理系统软件主要有阿菲金、阿波罗系统、奶业之星、Dairy Plan C21 牧场管理系统等，与之相配套的传感器及设备主要有自动计量仪、发情监测器、瘤胃健康监测仪、自动补饲站等。

（二）B 超在奶牛繁殖中的应用

B 超是 20 世纪 70 年代出现的一项新技术，是继直肠触诊和血液激素放射免疫测定之后在奶牛生殖领域所取得的最有深远意义的技术进展之一。B 超诊断作为一项比较新的技术，其优点为快捷、直观、准确、无损伤，但同时也要求具备相应的操作水平。B 超诊断为在活体状态下研究奶牛的生殖和生理机能提供了一个便利的窗口。

1. 奶牛早期妊娠诊断 B 超的最大优势是能够检测早期妊娠，其诊断原理是：用高频声波对奶牛的子宫进行探查，然后将其回波放大后以实时图像的形式在屏幕上显示出来。邓干臻等应用 B 超对不同妊娠时间的 137 头奶牛进行早期妊娠检查。结果发现，配种后 26～30d 的妊娠检查准确率达 88.9%，配种后 31～35d 的妊娠检查准确率高达97.2%。在奶牛早期妊娠诊断方面，经常将出现的明显胚囊和胚斑作为诊断的标准，妊娠27d后就可以进行诊断，而对于经验不足的技术员来说，需要等到35d以后才能够作出较为准确的诊断。生产中应用早期妊娠诊断技术，可降低奶牛无效饲养天数17~32d，每年可多产奶24.5d，减少碳排放8.4%。在应用B超对奶牛进行早期妊娠诊断时，需要注意以下三点：①及时检出未孕空怀母牛；②在妊娠诊断后必须及时对未孕母牛采取处理措施，缩短空怀时间；③制订合理的B超定期检查制度，并确保准确率。目前，部分大规模奶牛场在配种后30d或45d开始应用B超进行早期妊娠诊断，但在操作规范性与配套管理措施方面国内还没有相应的标准。

2. 性别鉴定　一般在配种后55~77d，可根据胎儿性别的形态学差异，应用超声波鉴定胎儿的性别。雄性的生殖结节是由后腿间起始部位移向脐带的，而雌性的生殖结节则移向尾部。根据胎儿的体位走向，探头缓缓向尾部移动，若B超图像显示出较强的回声光团或者光斑，则为雄性生殖结节，胎儿的性别为雄性；若B超图像上未显示出较强的回声光团或者光斑，则胎儿的性别为雌性。王敬军等应用B超对70头妊娠奶牛进行早期性别诊断，妊娠50~70d的准确率为83.8%，71~90d的准确率为87.9%，其中公犊的诊断准确率为93.55%、母犊的诊断准确率为79.07%。

3. 奶牛繁殖障碍的诊断　常见的卵巢疾病主要有卵巢静止、卵巢囊肿、持久黄体、排卵延迟等。临床上诊断卵巢疾病较直接、有效的手段是直肠检查，但由于直肠检查很大程度上依赖于操作人员的技术水平和工作经验，因此直肠检查存在很大的不确定性。应用B超也是诊断奶牛繁殖障碍性疾病较直观、有效的方法。B超诊断还可以对产后子宫状态进行实时监测，在此过程中有助于发现异常的子宫活动，必要时可采取相应措施，包括子宫按摩或子宫内注射药物等，从而加快子宫复旧，提早配种，缩短产犊间隔。

第三节   奶牛甲烷抑制减排技术

一、技术简介

甲烷（CH_4）作为一种主要的温室气体，对太阳光红外线能量具有很强的吸收能力，主要破坏大气中的臭氧层。尽管大气中CH_4浓度很低，但由于CH_4不能够被植物利用和参与自然界的物质循环合成碳水化合物，因此其释放后在大气中不断累积。研究表明，单位体积CH_4的温室效应是二氧化碳（CO_2）的$20\sim25$倍，对全球气候变暖的贡献率占$15\%\sim20\%$。据估计，全世界动物CH_4的排放量每年约为8.0×10^7 t，其中牛的CH_4排放量占73%。CH_4是反刍动物瘤胃发酵过程中的必然产物，化学性质稳定，在体内很难被吸收，主要以嗳气的形式经口腔和鼻腔排出。瘤胃CH_4的能量损失占总能摄入量的$2\%\sim15\%$。因此，CH_4气体减排有助于延缓地球气候变暖趋势，降低瘤胃发酵能量损失，提升养殖生产效率。

反刍动物瘤胃内存在庞大的微生物体系。微生物的存在，使反刍动物消化利用结构性碳水化合物成为可能。牛、羊等复胃动物采食的饲料首先进入瘤胃，经过瘤胃微生物发酵之后产生挥发性脂肪酸（volatile fatty acid，VFA）、蛋白质和氨类等。其中，VFA主要包括乙酸、丙酸和丁酸，占瘤胃发酵总VFA产量的95%，这些有机酸不仅能够为反刍动物提供能量，也在维持瘤胃内环境稳定性方面发挥着重要作用。饲料有机物在经过瘤胃微生物发酵过程中，产生的甲烷菌可利用瘤胃发酵物质如甲酸、乙酸、甲醇、CO_2和H_2等生成CH_4。其中，通过CO_2和H_2的氧化还原反应产生CH_4是瘤胃产CH_4的主要途径。产甲烷菌是目前已知的唯一一类以甲烷为代谢终产物的微生物，是产甲烷菌获得能量的唯一途径。

二、技术实践

(一)优化日粮营养结构降低甲烷排放

以往的研究表明，CH_4 抑制剂能够有效抑制瘤胃功能，降低 CH_4 排放，例如离子载体（莫能菌素和盐霉素等聚醚类）、电子受体（硝酸盐和硝基化合物）、多卤素化合物（氯化甲烷、水合氯醛、溴氯甲烷、氯化脂肪酸等）及除锈剂等农用化学制剂。但是，化学合成试剂的残留和安全问题，严重限制了其在实际生产中的应用。另外，脂肪、脂肪酸、植物次生代谢产物等也可减少 CH_4 产生，但存在降低粗饲料瘤胃降解率、影响生产性能等问题。粗饲料是反刍动物生产过程中的重要饲料来源，其来源、结构和组成能够影响瘤胃发酵功能和 CH_4 生成。因此，可通过优化日粮营养结构，调整饲料品质来改善反刍动物瘤胃发酵功能，在提高生产性能的条件下达到有效减少 CH_4 排放的目的。

1. 提高采食量 研究表明，反刍动物干物质采食量与瘤胃 CH_4 排放量呈正相关。采食量增加可以增加瘤胃食糜的通过率，降低营养成分在瘤胃内的滞留时间，大量营养物质会进入小肠消化，减少产甲烷菌合成 CH_4 的机会，从而降低单位采食量的 CH_4 排放量。提高动物采食量，可适当增加精料比例，饲喂优质牧草提高适口性，从而降低单位采食量的 CH_4 排放。随着采食量的增加，总 CH_4 排放量也可能增加，但单位采食量的 CH_4 排放量呈下降趋势。因此，采食水平只能够减少 CH_4 生成过程中能量损失的相对含量，所以通过增加进食量来实现 CH_4 减排不是根本解决办法。

2. 适宜精粗比 瘤胃产甲烷菌产生的 CH_4 是动物胃肠道 CH_4 排放的主要来源。改变日粮营养结构能够影响瘤胃 CH_4 排放量，因此，适宜的日粮精粗比是 CH_4 减排的关键。CH_4 排放量与瘤胃发酵类型高度相关。高纤维日粮可加强纤维分解菌与产甲烷菌的共生关系，瘤胃内纤维分解菌大量增殖，在促进乙酸和丁酸生成的过程中 H_2 大量产生，从而刺激产甲烷菌的活性和数量增加，提高 CH_4 的产量。高精料日粮能使瘤胃 pH 降低，进而抑制产甲烷菌与原虫的增殖，增加丙酸产量。丙酸发酵过程中能与产甲烷菌竞争底物 H_2，在产甲烷菌底物来源减少的情况下，瘤胃的 CH_4 排放量显著降低。

吴爽等（2014）研究发现，将羊草与玉米秸秆混合饲喂干奶期荷斯坦奶牛，可减少其瘤胃 CH_4 产量，同时提高氮的利用率。马燕芬等（2013）在饲喂奶山羊的试验中发现，粗饲料比例增加会增加 CH_4 排放量；精饲料比例增加则可显著降低 CH_4 排放量。对于以纤维性饲料为主的反刍动物，适当地增加精料添加量，能提高瘤胃内丙酸含量，降低乙酸丙酸比，从而提高饲料利用率，降低 CH_4 产量。娜仁花等（2010）研究也发现适当增加精料含量可以大幅度减少 CH_4 排放量。

过高的精料比例易引发一系列代谢病，如瘤胃急性、亚急性酸中毒、蹄叶炎和过肥等营养代谢病。程广龙等（2008）在奶牛试验中发现，奶牛酮病、蹄叶炎和乳房炎的发病率随着精料比例的增加而增加。丁静美等（2017）在饲喂杜泊羊×小尾寒羊杂交羯羊的试验中发现，在保持维持基础时，日粮 NDF/NFC 为 1.05 时，CH_4 排放量较低。孙红梅等（2015）研究发现，精粗比为 70∶30 时，牦牛瘤胃甲烷产量最低。此外，提高精饲料比例的同时会增加饲养成本，造成生产效益降低。有研究表明，瘤胃中乙酸发酵产生的氢，在乙酸丙酸比为 1∶2 时可完全为丙酸发酵所利用，CH_4 合成过程因缺乏氢而减少了产生量；当瘤胃内碳水化合物全部发酵生成乙酸时，以 CH_4 能形式损失的量约为 33%。因此，应综合考量多方因素制定饲料配方。

3. 饲喂鲜嫩多汁的优质牧草　增加饲喂鲜嫩多汁的优质新鲜牧草可减少 CH_4 排放量。新鲜牧草适口性强，蛋白质含量高，纤维素较少，还保留了大量维生素及矿物质，具有草香味，能刺激动物味觉，提高食欲。长期饲喂新鲜牧草还可预防动物异食癖。研究表明，单位非结构性碳水化合物发酵产生的 CH_4 产量低于半纤维素，而单位纤维素 CH_4 产量是半纤维素的 3 倍（高胜涛，2015）。当动物采食富含可溶性碳水化合物日粮时，瘤胃降解率提高，乳酸和 VFA 含量增加，使瘤胃 pH 下降，从而抑制了原虫和产甲烷菌的活动，减少了 CH_4 排放量（周艳等，2018）。添加牧草或淀粉的饲喂量，可使瘤胃内进行低 pH 和高降解率的协同作用，抑制原虫和产甲烷菌的增殖，增加丙酸生成量。丙酸能经肝脏转变为组织成分，为生长和生产繁殖提供能量，进而提高饲料转化率，降低 CH_4 排放量。

4. 改善粗饲料品质　对于节粮型动物来说，改善粗饲料品质，能在提高采食量的同时，降低动物单位体重 CH_4 排放量。温嘉琪等（2014）用青贮饲料代替全贮饲料饲喂奶牛，能显著提高动物采食量和日增重，有明显的育肥效果。娜仁花等（2010）研究发现，直接饲喂青贮玉米秸秆可以明显减少瘤胃 CH_4 产量。玉米秸秆经青贮处理后，纤维结构膨胀疏松，增大了与微生物纤维素酶的接触面积，更易于消化，使适口性和采食量得到大幅度提高的同时也可有效降低 CH_4 产量。

5. 适度的饲料加工方式　牧草的成熟度、不同的处理方式（物理、化学、生物）等对 CH_4 产量均有一定程度的影响。CH_4 排放量随牧草成熟度的增加而呈上升趋势。牧草适当经切碎制粒后，牧草细胞壁被破坏，利用率提高，经发酵生成 VFA 的比例发生变化，饲料利用率升高，可减少 CH_4 排放 20%～40%。同时，经过加工处理的饲料更利于消化，可减少在瘤胃内停留时间，从而降低 CH_4 排放量。但过度加工致使饲料在瘤胃内通过速率过快，这对有特殊消化代谢模式的反刍动物来说，会降低饲料利用率。所以在饲料的加工程度上，要将消化效率和饲料有效利用率两个因素综合考虑。因此，饲料颗粒化程度能影响消化率，改变食糜流通速率和瘤胃发酵类型，降低 CH_4 生成量。

秸秆经青贮、氨化和碱化处理后，纤维素类物质分解程度增加，细胞壁膨胀，有利于微生物纤维素酶的渗入，提高消化率。经氨化法处理的饲料具有营养价值高、易消化，可为微生物提供氮源等优点，可大大缩短动物饲养周期，且可明显降低单位畜产品 CH_4 产量。

辛杭书等（2015）发现，与未处理的干秸秆相比，氨化处理显著降低了产甲烷菌的相对数量，而各处理对培养液中的白色瘤胃球菌、黄色瘤胃球菌、真菌和原虫的相对数量没有显著影响。体外瘤胃发酵参数和发酵类型也发生改变，显著降低了 CH_4 的生成。

6. 添加适当脂肪和蛋白质   反刍动物日粮中添加脂肪或脂肪酸发挥的作用主要是：①不饱和脂肪酸在瘤胃内的氢化作用，能够竞争性地获得底物 H_2，从而减少产甲烷菌的底物来源；②改变瘤胃 VFA 比例，促进丙酸生产，同时能够对原虫的增殖进行抑制（Bayat 等，2018）。日粮中蛋白质和脂肪能通过调节瘤胃发酵模式而影响 CH_4 产量。张晓明等（2014）测定了三种蛋白源对宣汉黄牛胃肠道 CH_4 排放量的影响，结果显示豆粕组 CH_4 量最高，菜籽粕组次之，棉籽粕组最低。研究发现，在日粮中添加不饱和长链脂肪酸能有效降低乙酸丙酸比 $50\% \sim 60\%$，减少 CH_4 产量 $10\% \sim 15\%$。这主要是由于不饱和脂肪酸能与 CH_4 竞争氢，从而影响 CH_4 的生成量。Benchaar 等（2015）发现日粮中添加脂肪能够改变瘤胃内 VFA 的组成，但是这个主要取决于动物基础日粮的营养组成和结构，尤其是日粮中脂肪的含量。也有研究发现，三种不同脂肪酸含量来源的椰子油（富含饱和中链脂肪酸）、葵花油（富含亚油酸）和亚麻籽油（富含亚油酸和亚麻酸）均可降低瘤胃 CH_4 的产量和原虫数量，添加 3% 和 6% 椰子油降低 CH_4 产量的效果较好，分别可达到 40% 和 60%（Machmuller 等，1999）。Mao 等研究发现，给动物日粮添加大豆油，可使产甲烷菌数量和活性显著降低，与对照组相比，CH_4 产量可降低 13.9%。同时，饱和脂肪酸对于产甲烷菌和原虫都有直接的毒害，能够使 CH_4 产量降低。

7. 改善饲喂程序   在饲喂程序上采用先粗料、后精料顺序，可使更多能量通过瘤胃，CH_4 产量降低。增加粗饲料和水的摄入可增加瘤胃食糜的后送速度，增加过瘤胃数量，减少 CH_4 排放。Kreuzer 等发现，少量多次饲喂动物能提高瘤胃食糜流通速率，降低乙酸丙酸比，减少 CH_4 产量。推行全价混合日粮以及混合饲喂技术也能提高饲料利用率，减少 CH_4 产生。李长皓等报道，奶牛精粗料分喂可使 CH_4 产量增加，混喂则使 CH_4 产量减少。

8. 舒适的环境温度 环境温度降低会引起动物瘤胃 CH_4 产量降低。Fahey 认为，随着温度降低，瘤胃发酵类型更趋于丙酸发酵，减少 CH_4 产生。此外，也有学者认为温度降低会引起瘤胃食糜流通速率加快，从而降低 CH_4 产量。

（二）外源性甲烷抑制剂

甲烷抑制剂抑制 CH_4 生成主要通过三种途径：①直接抑制产甲烷菌的生长，减少产甲烷菌的数量或降低产甲烷菌的活性，从而减少 CH_4 的生成量；②通过减少生成 CH_4 的底物 H_2 的生成量，或通过替代性 H_2 受体争夺 H_2，而减少 CH_4 生成量；③直接抑制参与 CH_4 合成过程中关键酶的活力。

1. 多卤素化合物 是较有效的 CH_4 抑制剂，其抑制作用为长链脂肪酸的 1 000 倍，包括甲烷卤化物及类似的化合物，如氯化甲烷、二氯乙炔、水合氯醛、溴氯甲烷、氯化脂肪酸等对产甲烷菌有毒害作用，可以直接抑制 20%～80% CH_4 合成。目前使用最多的水合氯醛，在瘤胃中转化为氯仿，在体内可降低 CH_4 的生成，但是水合氯醛会损坏肝脏，长期饲喂会引起动物中毒，甚至死亡。此外，卤代化合物的挥发性比较强，在实践中操作难，且能被某些微生物适应或降解，所以在生产中的应用效果较差。

2. 驱除原虫 大量研究表明，有 20% 的产甲烷菌寄生在原虫表面，并且带纤毛的原虫能与产甲烷菌形成内源共生系统。一些报道指出，寄生在原虫表面的产甲烷菌的产 CH_4 量可占反刍动物 CH_4 总排放量的 37%，因此，驱除原虫可间接减少产甲烷菌数量，进而降低反刍动物 CH_4 的排放量。反刍动物出生时瘤胃中无原虫，因此可通过对新生动物隔离的方式使瘤胃内不含原虫。

3. 有机酸 研究发现，在饲粮中添加有机酸可以促进瘤胃往丙酸型发酵转变，使丙酸含量升高，CH_4 产量降低。有机酸主要有苹果酸、琥珀酸和富马酸（延胡索酸）等，可提供新的电子转移途径，并且与甲烷菌竞争利用 H_2，抑制 CH_4 生成。Wood 等提出添加包被富马酸来抑制 CH_4 的生成，并且体外试验已经证实，这种方法不但对瘤胃中的 pH 没有影响，而且增加了瘤胃中丙酸的含量，减少了 19% 的 CH_4 生成。张振威等发现，在玉米秸秆日粮中添加 2.0g/（kg·d）的 2-甲基丁酸后，可显著降低西门塔尔牛的 CH_4 排放量。牛文静等报道，延胡索酸二钠可以提高未处理和氨化稻草体外发酵的总产气量，同时降低 CH_4 的相对产量。

4. 离子载体   莫能菌素和盐霉素等聚醚类离子载体被认为可以有效降低 CH_4 的排放。这类物质可以改变细胞膜通透性，影响微生物活动，抑制甲烷菌的活性，同时可以促进产琥珀酸菌和丙酸菌的生长，增加丙酸产量，从而降低 CH_4 产量，提高生产效率。其中，莫能菌素是应用最为广泛的抑制 CH_4 生成的离子载体类抗生素。在奶牛的日粮中添加莫能菌素已被证实可以有效抑制 CH_4 生成。这是由于离子载体能抑制甲酸脱氢酶的活性，从而减少了 CH_4 产生所需要的氢源，使得 CH_4 产量降低。但某些微生物只在短期内对离子载体敏感，长期使用会产生耐受性。因此，阴离子载体化合物只能产生短期效果，不适合长期应用于生产。然而，长期使用莫能菌素等抗生素可出现细菌耐药性和畜产品中抗生素残留，对人体健康造成威胁。邓磊等报道，每头奶牛每日饲喂的莫能菌素少于 400mg（以有效价计）时，在牛奶中不会造成残留。莫能菌素在肉牛生产的应用过程中，应注意休药期。

5. 电子受体   硝酸盐可以替代碳水化合物在瘤胃内生成的底物 CO_2，在瘤胃中竞争 H_2 生成氨。但硝酸盐和硝基化合物在代谢过程中产生的亚硝酸盐和乙胺具有毒副作用，而且硝酸盐本身还是很强的血管收缩剂。研究表明，添加大量的硝酸盐、硫酸盐具有副作用，能够引起血管收缩，降低采食量，甚至转化为亚硝酸盐引起中毒。因此，在应用这些化合物作为甲烷生成抑制剂时要格外慎重，严格控制使用量。

6. 植物提取物   天然的植物提取物兼有营养和专用特定功能两种作用，可以起到改善动物机体代谢、促进生长发育、提高免疫功能、防止疾病及改善动物产品品质等多方面的作用。植物提取物具有毒副作用小、无残留或残留极小、不易产生抗药性等优点。近年来，天然植物提取物作为新型 CH_4 调控剂被广泛研究。植物提取物是指植物通过一些物理化学处理后得到的含有一种或几种有效成分的混合物。其主要成分是代谢产生的次级代谢产物组成，包括酚类化合物、挥发油、皂苷、生物碱、低聚糖等。从化学结构的角度，将它们分为单宁、皂角苷和植物精油 3 类。

（1）单宁　是高聚多酚酸性化合物。单宁的化学结构各不相同，主要有水解单宁和缩合单宁。反刍动物饲料中添加的主要是缩合单宁。单宁能够结合蛋白质形成复合物，所以瘤胃中的饲料蛋白质成分可以借助单宁的保护防止瘤胃微生物消化降解，并可以降低瘤胃中 $NH_3\text{-}N$ 的浓度。有人等发现单宁还可以结合瘤胃中微生物外膜上的多糖、蛋白质成分，从而降低瘤胃微生物的活性，减少 CH_4 气体的产生。有报道，温带和热带富含缩合单宁的豆科植物可有效降低瘤胃 CH_4 的排放量。

（2）皂角苷　经体内、外试验研究证明，皂角苷对瘤胃微生物发酵有一定影响，饲料中添加皂角苷可以降低瘤胃液中 $NH_3\text{-}N$ 的浓度，同时提高丙酸在挥发性脂肪酸中的占比，使产生的 CH_4 气体量减少，改善阉牛的生长性能。皂角苷能够减少原虫的数量，通过抑制原虫来调控瘤胃内的发酵过程。原因在于原虫外膜上有一种甾醇结构物质，皂角苷可以与其结合，破坏原虫的细胞膜结构，导致原虫溶解细菌的能力下降，甚至可以杀死部分原虫。由于原虫和甲烷菌之间存在共生关系，原虫数量减少势必对甲烷菌造成威胁，CH_4 气体的生成量因此也就相应减少了。王新峰等研究发现，绞股蓝皂苷可以抑制体外瘤胃微生物的 CH_4 产量，减少原虫的数量，改善瘤胃微生物的发酵，提高 VFA 浓度。其中，山羊在体试验发现，低浓度的绞股蓝皂苷可以促进纤维分解菌和真菌的生长，对甲烷菌有很强的抑制作用。

（3）精油　又称挥发油是存在于植物体内的一类具有芳香气味的物质，有抗菌、抗氧化和提高免疫力等功能。以前挥发油主要应用于单胃动物饲料添加剂中。研究已经确定植物精油提取物可以调控瘤胃发酵，提高丙酸、丁酸的浓度；影响瘤胃氮代谢水平，使细菌对氨基的去除作用减弱，减少乙酸的浓度和 CH_4 的产生量。

7. 细菌素　是某些细菌在生长代谢过程中产生并分泌到外界环境中的一类具有抗菌或杀菌能力的活性物质，主要对同种或具有亲缘关系的细菌起作用。细菌素的生产菌对其自身分泌产生的细菌素具有免疫力。细菌素是多肽，或者多肽类与糖类、脂类的复合物，它在动物机体内不仅可以抑制病原体生长，还可以作为益生素调节瘤胃内环境。

细菌素与青霉素等抗生素不同，细菌素是由细菌核糖体合成，由基因编码，蛋白表达，具有自身免疫性，可以对其他菌株选择性地抑制或杀灭，同时不会使有害菌产生耐药性，可以通过基因工程的手段进行改造。传统的多肽抗生素是微生物细菌的次生代谢产物，不存在结构基因，由细胞多酶复合体催化形成，几乎对所有菌株都具有抑制或杀灭作用，无特定选择性。对抗生素显示抗性的微生物通常对细菌素不显示交叉抗性，并且与抗生素的抗性不同，细菌素的抗性也通常不是由遗传决定的。细菌素的分子质量相对抗生素较小，具有良好的可加工性和抗逆性，无抗原性，通常可以被机体内的蛋白酶类物质降解，无任何毒副作用。此外，有人发现细菌素能产生抑菌作用的浓度很小，通常是 10^{-6} （$\mu g/mL$）级。细菌素还具有良好的热稳定性及酸碱耐受性，这保证了细菌素在热处理以及加工程序中不易受到影响。细菌素的优点是安全，并可通过基因操作引入到其他微生物中起到调控作用；缺点是容易被机体消化降解而失效。细菌素的使用可以在部分情况下减少，甚至取代抗生素的使用。

乳酸链球菌肽对瘤胃发酵的影响和莫能菌素相似，并且在体外条件下，使甲烷产量降低了 36%。此外，一些外源菌可以在瘤胃中产生细菌素。有学者研究了 50 株丁酸弧菌，发现 50% 的菌株具有抗菌活性。这可能因为许多乳酸菌均能产生细菌素，且细菌素能使瘤胃液 pH 降低，从而降低甲烷生成量。一些研究表明，饲喂细菌素生产菌比纯的细菌素对动物胃肠道健康的影响更具有显著的效果。这可能是因为纯的细菌素进入消化道后，容易被蛋白质水解酶分解。通常，细菌素可作为饲料添加剂或饮水添加剂饲喂给动物。

8. 蒽醌类　自然界微生物、植物和昆虫体内都有蒽醌存在，反刍动物的肠道内也有，它也能抑制瘤胃 CH_4 的产生。蒽醌能直接作用于甲烷菌，阻断电子传递链，并在电子传递和与细胞色素有关的 ATP 合成的藕联反应中起解耦联作用，从而阻止甲酰辅酶 M（CH_3-CoM）被还原成 CH_4。

因此，应科学应用甲烷抑制技术，通过调整日粮营养水平，减少奶牛瘤胃甲烷生成效率，降低碳排放量。饲喂精粗比为 50∶50TMR 与精粗比为 20∶80、70∶30TMR 的奶牛相比，每头每年甲烷排放量分别减少 15.20kg 和 89.84kg；氮排放分别降低 3.71kg 和 17.51kg；磷排放分别减少 2.59kg 和 4.07kg；标准乳产量提高 10.54％；乳脂率增加 9.67％；乳糖增加 7.26％，能减少奶牛对土壤水源及空气的污染，提高奶牛的生态效益和经济效益。

第四节　"奶牛保姆行动"服务技术

一、技术简介

"奶牛保姆行动"是北京现代农业产业技术体系奶牛创新团队以科技项目为支撑，发挥以政府为主导的技术服务体系和创新团队的作用，以奶牛养殖场需求为导向，以"保姆"式服务为宗旨，致力于北京奶牛产业技术提升的技术推广新模式（图 2-2）。

"奶牛保姆行动"的实践形成了基层需求有呼应、需求调研有结果、技术研发有专家、试验示范有基地、技术推广有队伍、成果应用有反馈的良好工作模式，其推广应用取得了丰硕

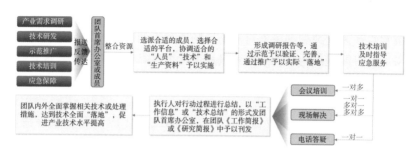

图 2-2　"奶牛保姆行动"工作流程框架图

成果。

　　"奶牛保姆行动"于 2012—2019 年推广应用，建成技术推广模式 1 套，形成"奶牛繁殖调控技术""犊牛早期培育技术"等新技术 174 项，开发产品 76 个（套），覆盖牛群 1 164 589 头次。共开展 3 761 场（次），培训各类技术、管理人员 72 133 人次。其中，开展观摩活动 544 次，7 270 人次参加；组织农民活动日 1 011 次，20 719 人次参加；开展"一对一、多对一"等技术指导、培训、服务 2 206 次，42 994 人次参加。495 人取得家畜繁殖工等行业资格认证。刊发《工作简报》83 期，《研究简报》41 期，共刊发与"奶牛保姆行动"相关信息 800 余条。

　　建立示范基地 45 家，奶牛总存栏 2.17 万头，成母牛存栏 1.06 万头。示范牛场平均每年单产从 2012 年的 6.67t 提升至 10.31t，提高了 54.42%。

　　"奶牛保姆行动"的持续开展，带动了如奶牛繁育技术、犊牛培育技术、优质青贮制备及使用技术、精准饲喂技术等一系列先进技术应用于北京奶牛产业生产实践，产生了巨大的经济效益，覆盖奶牛 178.7 万头次，增加经济效益 17.09 亿元。"奶牛保姆行动"有效提高了基层人员的技术水平，转变了养殖理念，提升了养殖场的管理技术水平，受到了行业内的高度认可和社会的极大关注；并在健康养殖与环境控制、节水节能、粪污治理等方面促进了生态发展，累计减排化学需氧量（COD）140 余万 t、氨氮约 7 万余 t，有效改善了牛场周边的生态环境。

二、技术实践

(一) 低排放清洁利用模式

大型规模奶牛养殖场对于卧床垫料需求量非常大，而同时又产生大量的粪污，处理难度极高。

"奶牛保姆行动"从卧床垫料需求和粪污处理环节入手，筛选集成低成本减排粪污资源化利用技术，形成了涵盖粪便卧床垫料化技术、粪便肥料化玉米种植技术等内容的低排放清洁利用技术模式（图 2-3），实现了粪污处理过程源头减量、末端循环利用，以及低成本运行、维护和管理。

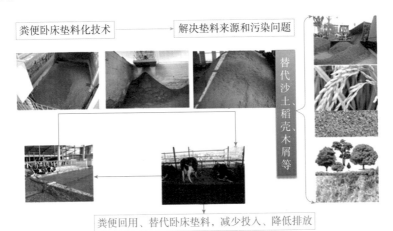

图 2-3　低排放清洁利用技术模式图

本项技术应用可将处理后的牛粪用于卧床垫料（图 2-4）。粪便卧床垫料化可替代 80% 外购牛卧床垫料，减少垫料购买量，降低后续粪便处理成本。

结果表明，本项技术应用可减少固体粪便排放 32.53%，减少成本支出 40.00%（沙土）～67.30%（稻壳）。相比全部牛粪都固体存储处理，本项技术可减少固体粪便 20.45% 的温室气体排放。

图 2-4　牛粪用于卧床垫料

（二）奶牛高效饲养管理模式

奶牛生产性能、繁殖性能及健康状况是影响奶牛养殖效益的主要因素。而研究筛选饲料营养添加物，提升奶牛饲养管理水平，是简单、省时且直接、有效的途径。奶牛场对相关产品需求迫切。

"奶牛保姆行动"通过对相关技术产品的筛选验证，确定饲料中添加地顶孢霉培养物（图 2-5），可有效提升奶牛生产性能、繁殖性能和健康水平，提高资源利用率，减少排放。

图 2-5　牛群采食添加地顶孢霉培养物的饲料

本项目通过在北京首农畜牧发展有限公司下属牛场的试验验证，结果显示：本项产品的应用，能有效控制原奶体细胞在较低范围内，提高泌乳牛群生产性能（示范牛群产奶量可提升 6.79%），减少乳房炎、蹄病等奶牛常见疾病的发病率。同时，在繁殖配种方面（图 2-6）能有效减少输精次数（示范牛群平均输精次数减少

0.3 次）和流产数，缩短配准天数（示范牛群缩短配准天数 9.11d），减少牧场综合管理投入成本，综合效益十分明显。在减少甲烷排放的基础上（图 2-7），单头牛每天增加效益 7.92 元，单头牛每天投入产出比 1∶3.9，千头泌乳牛场年增加效益约 240 万元，可有效促进牧场减排增效，改善生产、经营状况。

图 2-6　繁殖检查操作　　　　图 2-7　奶牛瘤胃甲烷排放监测

第五节　奶牛养殖多级循环技术

一、技术简介

北京某公司是一家集养殖业、种植业和林业于一体的高新技术企业，养殖 500 头奶牛，拥有 16hm² 农田和 60hm² 林地（生态林和果林），养殖废弃物和沼渣、沼液用于养殖蚯蚓和甲鱼，种植蔬菜和果树。公司的"奶牛＋沼气（沼渣、沼液）＋林下经济＋蚯蚓＋甲鱼＋优质农产品"多级循环养殖模式见图 2-8。

奶牛舍每日采取干清粪方式清理出的牛粪，采用厌氧沼气设施进行处理。产生的沼气，回用到养殖场畜舍内和公司其他部门的用能设施；产生的沼渣、沼液，可以作为有机肥料施用到果蔬地、林下食用菌地、牧草地中，生产有机果蔬和饲草；沼渣也可以与鲜牛粪按一定比例混合后养殖蚯蚓，蚯蚓再用于饲喂甲鱼，而蚯蚓排泄出的蚓粪，也属于优质有机肥，再回用到种植生产中。

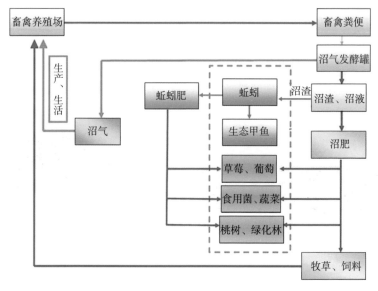

图 2-8　多级循环养殖模式

二、技术实践

(一)碳减排途径

"奶牛＋沼气(沼渣、沼液)＋林下经济＋蚯蚓＋甲鱼＋优质农产品"的多级循环养殖模式,减排途径主要有奶牛粪污沼气处理、农林地土壤固碳两方面。

1. 粪污沼气处理减排　以奶牛粪污为原料进行厌氧发酵处理,产生的 CH_4 作为可再生能源广泛用于生产和生活过程,包括生产热水、生活热水、厨房炊事等,同时还大量使用沼气路灯,降低了电能消耗。其中,生产热水主要用在奶牛挤奶过程中。

2. 农林地土壤固碳减排　沼渣、沼液、蚯蚓肥等优质有机肥料用于果蔬(草莓、桃树)、林下经济种植(食用菌)等生产,绿化林地、牧草种植,培肥土壤,减少化肥使用,生产高品质农产品。

（二）碳减排量核算

1. 沼气工程减排量 公司采用具有自主知识产权的 USR-AF 新型沼气发酵装置，料容产气效率稳定达到 $1.1 m^3 /（m^3 \cdot d）$。$150 m^3$ 规模沼气发酵罐，年生产沼气约 5 万 m^3。

沼气池每日可处理干清牛粪 0.6t，以牛粪露天堆置方式作为基线情景。根据 IPCC 指南提供的粪便堆置的甲烷排放因子（每千克废物中 $10 g CH_4$）和氧化亚氮排放因子（每千克废物中 $0.6 g N_2 O$）进行计算，得出在基线情景下牛粪的温室气体排放量为：每日排放 6kg CH_4 和 0.36kg $N_2 O$。

CO_2、CH_4 和 $N_2 O$ 分别具有不同的大气增温效应，为了对不同温室气体排放源的温室气体增温效应进行比较，可对 CH_4 和 $N_2 O$ 排放量分别乘以各自相对于 CO_2 的增温效应值（即全球增温潜势值，简称 GWP），从而将 CH_4 和 $N_2 O$ 转化为二氧化碳当量值（$CO_2 e$），这样就可以对一个排放源产生的不同种类温室气体进行相加，得出排放源总的增温效应。IPCC 第四次评估报告给出的 CH_4 和 $N_2 O$ 的 GWP 值分别为 25 和 298，由此计算得出牛粪露天堆置排放的温室气体增温效益相当于每天 0.26t $CO_2 e$，即每年排放 94.6t $CO_2 e$。采用沼气设施对牛粪进行处理后，沼气被完全回用，不向外排放温室气体，故每年可减排温室气体 94.6t $CO_2 e$。

同时，每年生产沼气约 5 万 m^3，可替代煤炭减少温室气体的排放。标煤的热值为 29.31kJ/kg，沼气的热值为 50.4TJ/Gg。经换算，沼气每立方米的发热量约 23.4kJ，相当于 0.8kg 煤炭充分燃烧后放出的热量。因此，每年生产沼气约 5 万 m^3 可替代 4t 标煤。每吨标煤燃烧排放 CO_2 2.52t，替代 4t 标煤可减少排放 10.08t CO_2。

因此，沼气工程可减少温室气体排放 104.68t $CO_2 e$/年。

2. 农林地土壤固碳量 公司拥有 $0.67 hm^2$ 日光温室，生产有机农产品；$2 hm^2$ 草莓良种繁育圃，繁育生产新品种草莓种苗；建设优质苗圃 $13.33 hm^2$，合计 $16 hm^2$。

不同的农田管理利用方式对土壤碳库有不同影响，这种影响速率叫做土壤碳库的库变化因子。公司农田都是长期耕作（库变化因子取 0.8)，采用免耕技术（库变化因子取 1.1)，在使用沼渣施肥之前采用秸秆还田技术（投入水平中，库变化因子取 1.0)，使用沼渣施肥，增加了土壤的有机肥投入（投入水平高，库变化因子取 1.37)，则每年每公顷可以提高土壤碳蓄积量 1.11t C，16hm² 有机玉米地共计可以实现固定 64.94t CO_2e/年。

3. 林地固碳量　公司种植优质生态林地 44.33hm²，其中桃园 0.67hm²、绿化林地（以阔叶林为主）43.33hm²、林下食用菌栽培 0.33hm²。

根据《2006 年国家温室气体清单指南》中林地碳汇的评估方法，对北温带阔叶林的碳比例平均为每吨干物质中 0.48t C，地下部生物量/地上部生物量的比例为 0.39，人工林地上净生物量增长率为每年每公顷 1.0t 干物质。据此计算得出：林地上部生物量净增长为每年 60t 干物质，则全树生物量增长为每年 83.4t 干物质，折合每年 40.03t C，相当于每年固碳 146.78t CO_2。

4. 各种措施减排占比　根据上述计算，该公司每年可实现减少温室气体排放 CO_2 316.4t。其中，粪污沼气化处理减少温室气体排放占 33.08%，土壤固碳占 20.52%，林木固碳占 46.39%。

（三）多级循环效益

奶牛养殖场多级循环模式，是在场区内建立种养加一体、农牧渔结合的现代、立体化循环农业模式。粪污厌氧发酵产沼气用于生活及生产需要的热水加温、保温、燃气炊事及照明用电，节省养殖场用煤和耗电，实现了农业清洁低碳生产。沼渣和沼液用于果园、菜园、饲草等生产，替代化肥，可提高土壤有机质，生产有机产品。蚯蚓可用作甲鱼饲料，生产高端甲鱼。养殖场实现年销售收入 1 400多万元，取得了良好的经济、生态和社会效益。

第三章

肉羊低碳养殖技术

　　肉羊低碳养殖技术，包括羔羊早期断奶技术、肉羊饲料加工调制技术（化学处理、机械处理和微生物处理）、肉羊高效繁育新技术、肉羊甲烷抑制减排技术等。示范结果表明，羔羊早期断奶技术可缩短羔羊生产周期和出栏上市时间，提高羔羊日增重 47.5％；肉羊饲料加工调制技术，可提高饲料消化利用效率，使育肥期日增重提高 59％；人工授精技术，可提高优良公羊的利用率和受胎率，减少饲养成本；甲烷抑制减排技术，可降低甲烷排放量 11.32％，甲烷能占总能比下降 55.51％。羊业发展采用这些技术既有利于高效生产又有利于碳减排，可加快肉羊健康、高效、低碳、绿色养殖发展（宗泽君，2005）。

第一节　羔羊早期断奶技术

一、技术简介

　　羔羊早期断奶是利用代乳粉代替母乳，人为缩短羔羊哺乳期，以使母羊的哺乳期和空怀时间缩短，促使其提早进入下一个繁殖周期，提高生产率；并使羔羊较早摄入营养适应的外源性饲料，促进瘤胃发育，有利于羔羊后期的生长和发育。因此，羔羊早期断奶对于缩短母羊繁殖周期、生产优质羔羊肉以及提高舍饲养羊综合效益等具有十分重要的实践意义。

早期断奶容易引起羔羊的应激反应，为了使羔羊快速适应断奶过程，减少损失，应注意以下几个问题：①保证羔羊出生后及时吃足初乳。初乳能够提高羔羊自身的免疫力，降低羔羊发病率。②在羔羊出生后7d左右补饲开食料，进行开食训练。开食料可以促进羔羊肠胃发育，使羔羊尽快适应断奶过程。③羔羊代乳料营养组分、适口性接近母乳，易消化吸收。④做好断奶准备工作。在断奶前1周的早、中、晚，将羔羊与母羊隔离2h，诱饲代乳粉，并放置饲料槽和饮水设施。⑤做好羔羊早期断奶的过渡工作。断奶时一般是将母羊移走，羔羊留在原来的圈舍，这样可使羔羊待在原来熟悉的环境中，尽快适应断奶过程。⑥掌握正确的断奶方法。由于羔羊消化功能不完善，断奶后应及时饲喂代乳粉，补饲羔羊精料以及饲草。饲喂代乳粉时应注意水的温度和代乳粉的用量，以防引起消化不良和腹泻。⑦注重观察。断奶后1周内，要特别注意观察母羊和羔羊，防止母羊发生乳房炎以及羔羊产生应激反应。断奶应激可对羔羊断奶后10d的生产性能和代谢机能产生不利影响。

二、技术实践

羔羊成活率是指一定时间内断奶成活羔羊占出生羔羊的百分比，直接影响着羊场的发展及其经济效益。提高羔羊的成活率应从以下几方面着手。

1. 选好种羊　选择种羊的指标主要有繁殖性能好、品种特征明显和发育正常、抗病力强。种母羊还要求母性要好。单从羔羊成活率考虑，主要选择抗病力强和母性好（母羊）的留作种用。

（1）种羊抗病力强　种羊是用于繁殖后代的羊，种羊基因决定着羔羊基因，进而决定着羔羊的成活率。抗病力强的父母代种羊产下的羔羊抗病力强、发病率低、成活率高。选择种羊（包括种母羊和种公羊）时除了考虑其繁殖力外还要考虑其抗病力情况，经常出现感冒、腹泻、不食或少食等症状的羊绝不能留作种用，以免导致其后代羔羊成活率低。

（2）种母羊母性好　种母羊的母性将直接影响羔羊的生长和健康状况。母性好的种母羊因"细心照管"、按时足量喂奶，可提高羔羊免疫力，进而使羔羊发病率低、成活率高；相反，羔羊则成活率低。因此，种母羊应从经产1~2期的母羊中选择。淘汰产羔少、奶水少或奶质差，以及因母性不好不让羔羊吃奶或不能"照顾"好羔羊的母羊。

2. 按时免疫　种羊应按照免疫程序或国家强制免疫要求按时搞好相应疫苗免疫，并在妊娠母羊产前2周用羔羊痢疾或五联疫苗（羊快疫、羊猝狙、羊肠毒血症、羔羊痢疾、羊黑疫）加强免疫1次，以有针对性地提高羔羊抗病力。

3. 人工授精　为提高精子有效利用率、繁殖率及初生羔健康状况，配种时应采用人工授精。人工授精前应对精子质量进行严格检测，只有符合要求的精子才可以用于输精；输精器具应消毒合格；输精人员应技术熟练、规范。

4. 妊娠羊护理　为防止流产和胎儿受到伤害，应防止妊娠母羊打斗或追赶，更不能人为驱赶，锻炼强度应适当。妊娠期间不用药或不用对胎儿有害的药物。为促进胎儿发育和母羊健康，妊娠期间应适当补饲配合饲料。

5. 产前准备　产羔1周前准备好消毒合格的产房并在产前3d让待产羊入住，产前2h铺好干净且柔软的垫草，并使产房内的温度上升到约15℃。

6. 羔羊接产

（1）接产准备　临产前用0.01%高锰酸钾溶液依次消毒母羊乳房、外阴、肛门、尾根，并用浸有温水的干净毛巾擦净乳房、外阴，然后挤出受污染或疑似受污染的初乳扔掉。

（2）羔羊接生　羔羊产出后迅速用消毒合格的毛巾擦净其口腔、鼻孔、耳内及身上的黏液或让母羊舔干，将脐带内血液挤入羔羊体内后于距羔羊脐部5~7cm处剪断，并用0.01%高锰酸钾溶液消毒断端。

（3）人工处理　羊膜破水且母羊努责无力时，应及时人工助产或实行剖腹产。羔羊假死时，应水浴增温（40℃ 30min），或用倒提拍胸、屈伸运动、鼻腔刺激等方法促使假死羔苏醒。

7. 羔羊护理

（1）初生羔护理   初生羔羊应在 30min 内吃足初乳。初产母羊需人工辅助哺乳、母羊无乳或乳少时，可让分娩时间相近的母羊代哺或由专人定时、定量补喂鲜牛奶或奶粉，补喂物质应保证新鲜且清洁。补喂人员禁止接触病羊且保持双手卫生，补喂器械需严格消毒且喂后及时清洗。1～10 日龄每 3～4h 补喂 1 次，10～20 日龄每 5～6h 补喂 1 次，20 日龄后每日补喂 3 次（200～300g），食物温度以 35℃ 左右为宜。

（2）哺乳羊管理   为让羔羊吃足奶水并让母子间有足够时间相亲和相认，母羊产后 2 周后再进行放牧。母羊饲料应为易消化的青贮饲草或干饲草并补饲配合饲料，饮水为 10～20℃ 的温水。初产母羊或乳房发育不好的母羊产后需及时用 40℃ 的水热敷或按摩乳房，每天重复进行 2～3 次。哺乳母羊及羔羊发生疾病时，应及时找执业兽医师诊治，以防因母子传播疫病、营养不足等造成羔羊死亡。

（3）及时补饲   15 日龄羔羊开始补饲饲料或切碎的饲草，补饲量分别为 15～30 日龄 60g/d 和 1～2 月龄 90g/d。1.5 月龄后母子分开放牧。2.5 月龄后断奶，断奶后饲喂青草（180～260g/d）和适量维生素 C。

第二节   肉羊饲料加工调制技术

一、技术简介

舍饲肉羊所需的饲料基本都是人工制备和供给的，包括青饲料、粗饲料、青贮料、精饲料等。其中，饲草饲料的贮备、加工是舍饲肉羊养殖过程中的重要环节，同时也是舍饲方式下饲养成本的主要组成部分。我国的肉羊养殖场大部分分布在冬寒较长的地区，在冬、春季新鲜饲草缺乏，料草的营养价值较低，因此饲草饲料的加工贮备工作尤为重要。各养殖场要结合本地区的饲料资源、本场的实际情况以及草料贮备的投入能力，按照因地制宜、四季均衡、多元搭配、阶段供应的原则和要求来加工贮备饲草饲料，以保证舍饲肉羊全年都能吃到营养丰富的饲草饲料。

各养殖场为了将青绿饲料长期保存，普遍采用青贮技术。如将青鲜玉米秸秆粉碎后作饲料，在厌氧条件下，经过微生物的发酵成为青饲料，发酵过程中产生一定浓度的酸（天然乳酸菌发酵，青贮的酸度为 pH 4.0 左右），既可以保护饲料的营养成分不受损失，又可使饲料保持青鲜多汁并具有酸香味，延长贮存时间，可供常年喂养使用。

对已经干黄或者半干的农作物秸秆，经机械加工和添加微生物菌剂，比如酵母菌、乳酸杆菌等，同样压实、密封，进行发酵处理，也称微贮。微贮后的饲料可改善适口性，提高粗纤维素的消化率，全面优于没有处理的秸秆；与氨化处理比较，微贮秸秆粗蛋白含量低于氨化秸秆，但肉羊采食量和日增重均高于氨化秸秆，也可长期保存。

精饲料主要包括能量饲料和蛋白质饲料，为提高其利用率，在饲喂前可对其进行发酵处理，称为发酵饲料。如豆粕或者混合饲料，调制水分含量，控制环境温度，接种微生物，如酵母菌、芽孢杆菌、乳酸杆菌等，通过微生物发酵，可将豆粕中不能被动物体吸收的抗营养因子如胰蛋白酶、大豆寡糖、植酸、脲酶、非淀粉多糖（NSP）等降解为动物可利用的营养素，比普通豆粕增加了活菌、氨基酸、肽、乳酸、活性酶、维生素、大豆异黄酮等活性因子，对动物的生长非常有利。另外，在发酵过程中产生的酸味物质，可使饲料适口性明显提高，对于幼畜具有显著的诱食效果。

二、技术实践

（一）饲草饲料的加工调制方法

舍饲肉羊要做好饲草饲料的加工调制和贮备工作，以便于在早春和冬季新鲜饲料缺乏时使用。饲草饲料的加工调制方法主要包括机械处理法、化学处理法以及微生物处理法。不同种类的饲草饲料使用的调制方法不同。

1. 机械处理　主要包括切短、揉碎、磨碎压扁、晾干等。一般的青草、农作物秸秆等饲料在采集回来后，洗净，切成 1～2cm长，再拌入适量的干碎草后即可喂羊。块根块茎料多汁饲料应切成约为 3cm×2.5cm 的小块或者片状、条状，再饲喂肉羊。在雨水较少的季节，可以将牧草收割后在原地晾晒；而在雨水较多的季节时，可以采用草架晒草，草架上端要有防雨设备，一般 1～3 周即可晾干；有条件的还可以用机器干燥法，将牧草放入高温烘干机快速烘干。经过机械法处理后饲草的利用率以及消化率较高。对于质地较为粗硬的粗饲料，如秸秆切短、粉碎后，便于肉羊咀嚼，可以提高饲料利用率，避免浪费。

2. 化学处理　主要包括碱化和氨化技术。其中，氨化是秸秆类或者其他粗饲料加工调制的主要方法。经氨化处理后，这类饲料的含氮量可以增加 0.8%～1%，使粗蛋白质的含量增加 5%～6%，增加羊的采食量；并且可以提高饲料的消化率，麦秸、玉米秸秆在氨化处理后的消化率可以提高 30% 左右。制作方法是在秸秆中添加一定比例的氨源，并且要保持温度不低于 20℃，压好后保证不漏气，使秸秆发生氨解反应，再经过 20d 左右后开封，让其自然通风 12～24h 后，待氨味消除后再饲喂肉羊，营养水平相当于中等品质的青干草。

3. 微生物处理法　最常见的主要有青贮和微贮。使用微生物对农作物秸秆发酵的工艺有很多种，主要包括厌氧菌发酵、需氧菌发酵、固体发酵及液体发酵等，目前使用比较广泛的发酵方式为厌氧菌固体发酵方式。通过微生物对农作物秸秆进行转化能得到很多富含蛋白质及脂肪的菌体细胞。这些菌体细胞是制作饲料的优质原料，并且在使用农作物秸秆制作饲料时，具有生产周期短、营养价值高及可再生、无污染等优点，应用前景非常广阔。

（1）青贮　青贮饲料是指青饲料或农作物秸秆在密封的青贮窖、塔、壕、袋中，利用乳酸菌发酵或者自然发酵而制成的青绿饲料，能基本保存原料的营养成分，尤其是蛋白质和维生素，可以给肉羊提供充足的营养成分。青贮饲料经过微生物发酵后，气味芳香、柔软多汁、适口性较好，容易消化吸收，是早春和冬季饲喂肉羊最常用的青绿多汁饲料。

优质青贮饲料的制作有以下几点注意事项。

①选择含糖量丰富的原料作青贮饲料：用于青贮的原料十分广泛，一般无毒害的青绿植物，如青绿秸秆类、禾本科牧草、蔬菜类等都可制作青贮。选择和配备原料时要注意选择含糖量丰富的秸秆，有利于微生物发酵，一般秸秆含糖量不能低于2%。鲜玉米秸秆、甘薯秧和野生禾本科牧草等含糖量都高于2%，可以直接青贮。豆科牧草如苜蓿、沙打旺等含糖量低，不宜单独青贮，青贮时可与含糖量较高的禾本科牧草等进行混贮（按4∶6或5∶5混合），制成优质青贮饲料。

②适时收割、切碎（粉碎），调控原料含水量：青贮饲料制作要适时收割，原料含水量为65%～75%。一般情况下，玉米秸秆在收获玉米后及时收割或带穗收割。如果采用机械收割粉碎，可直接获得粉碎的青贮原料（图3-1）。一般豆科植物在开花初期收割，禾本科牧草在抽穗期收割，甘薯秧在霜前收割。如果原料水分含量过多，可适当晾晒后再青贮或适当掺入粉碎的干草，从而调节含水量。如果原料含水量过少，可适当均匀地洒水或掺入含

图 3-1　玉米秸秆机械收割粉碎

水分较多的青绿多汁饲料。将原料切短或机械粉碎，长度不超过3cm，有利于装窖时踩实、压紧，较好地排出空气，损失养分少。同时，切短的原料汁液渗出，有利于乳酸菌生长，加速青贮发酵过程。

③及时装填、压实及封严，确保发酵品质：秸秆饲草粉碎后要及时装窖，为达到适宜温度，一定要缩短装贮过程，1～2d内应装好密封。装窖时，要边装边压（踩）实（图3-2）。通常装一层（厚30cm左右），反复压（踩）实，然后再装一层，直至装满，特别注意四周及拐角处要踩实。

图3-2　装窖时边装边压实

青贮窖装满后再高出边缘40～50cm，以补充青贮料的自然下沉。用塑料布将料顶部封好，上面加盖30cm厚的泥土封严，窖的四周做好排水。封顶后1周内，要经常查看青贮窖（设施）顶部的变化。一旦发现裂缝或凹坑，要及时填土封严，不让其漏气、漏水，防止空气进入。在青贮调制过程中，紧实度的控制对保持青贮品质尤为重要。适当的青贮紧实度能够改变青贮饲料间孔隙，随着紧实度的增加可显著降低青贮牧草的pH，减少干物质损失，进而改善青贮饲料的发酵品质。所以，在生产实践中机械、填装作业、设施高度等因素均影响青贮紧实度的控制。

④保持厌氧环境和适宜的温度：压实与封严是制作青贮饲料成

功的关键。只有压实封严才能有利于形成厌氧环境，抑制好氧菌，促进乳酸菌迅速繁殖，增加芳香味，提高青贮品质。防止漏水漏气是调制优良青贮饲料的一个重要环节。青贮容器密封不好，进入空气，有利于腐败菌、霉菌等繁殖，可使青贮料变质。乳酸菌繁殖的最适温度是 $25\sim30\,℃$。在正常青贮条件下，只要踩紧压实，当厌氧条件形成后，青贮的温度一般可保持在正常范围内，不需另外采取调节温度的措施。如果在青贮过程中温度过高，乳酸菌会停止繁殖，导致青贮料糖分损失、维生素破坏。青贮温度过低，会使青贮成熟时间延长，青贮品质也会下降。

⑤青贮料要随用随取，取料后盖好盖严：青贮料在发酵 40～45d 后即可取用饲喂肉羊。在开窖使用时，要注意最好在窖口搭棚遮阳，防止日晒雨淋而引起饲料霉败。在取料时，要注意不能将异物带入，取用时从青贮料一端由上而下逐层逐段挖取，并保持表面整齐（图 3-3）。每次要随用随取，取够饲喂量即可，取料后要盖好盖严，减少青贮料与空气的接触，以抑制有氧发酵。在最初饲喂时要少量，并且不能单一饲喂，要让肉羊逐渐适应。

图 3-3 青贮料逐层逐段挖取

（2）微贮 微贮饲料是指将干黄或者半干的农作物秸秆粉碎后添加微生物菌剂，在密闭的厌氧条件下，经一定的发酵过程，使干黄的农作物秸秆变成质地松软、具有酸香味、适口性强、草食动物喜食的粗饲料。

在使用微贮发酵技术制作饲料过程中，有以下几点注意事项。

①选择和添加适宜的微生物菌剂：市场上有多种秸秆饲料发酵菌剂，应注意选择农业农村部有关管理部门批准登记的产品。添加微生物菌剂，比如酵母菌、乳酸杆菌等可促进秸秆纤维素、半纤维素和木质素分解，木质纤维转化为糖类物质，使密闭容器内的 pH 降低到 4.5～5.0，在这样的环境下，丁酸菌与腐败菌不能进行正常生长繁殖，而酵母菌、乳酸杆菌等大量繁殖，加快了干黄秸秆的发酵和分解。

②微贮制作流程：微贮技术比较适合水分含量低的已干黄或者半干的农作物秸秆类型，其制作流程和关键环节与青贮类似，将原料混合均匀，装入微贮窖中，封闭好，在 10～40℃ 的温度条件下进行发酵。其流程为选取秸秆→切短→装窖→喷洒菌液→压实→密封→出窖→饲喂。

③注意秸秆切短和微生物处理：微贮窖可以是地下式或半地下式，可用水泥池、土窖或塑料袋。微贮选取无霉变的秸秆，微贮前必须将秸秆切短，以便压实，保证微贮饲料的质量，一般将玉米秸切成 2～3cm，麦秸和水稻秸切成 5～6cm。将切短的秸秆装入微贮窖中，每装 20～30cm 喷洒一遍菌液，根据不同菌剂需要可加 5% 的玉米粉、麸皮或大麦粉，目的是为菌种繁殖提供营养，提高微贮料的质量。铺一层秸秆撒一层粉，再喷洒一次菌液，要求喷洒均匀，使菌液与秸秆充分接触。

④压实、封严，防腐烂变质：压实与封严是制作微贮饲料成败的关键。若密封不好，进入空气，腐败菌、霉菌等容易繁殖，导致微贮料腐烂变质。装入窖的秸秆要用脚踩实或机械压实，然后继续装入秸秆，再进行菌剂喷洒和踩压，如此反复装料，直至装到高出窖面 30～40 cm 为止。秸秆装好后，一般可在最上层按每平方米 250g 均匀地撒上一层盐，其目的是确保微贮饲料上部不发生霉坏变质。盖上塑料薄膜后，在上面撒 20～30cm 厚的秸秆，覆土 15～20cm，密封。封窖后要及时进行检查，防止踩压以免造成深陷。

如出现裂缝或漏洞，应及时封堵以防漏水漏气。在微贮过程中，更应防止漏水，一旦漏水，秸秆易腐烂变质。发酵时间因气温的不同而有一定的变化。一般 10～40℃ 的气温条件下，经 10～15d 就可完成微贮发酵。微贮发酵好后，即可开窖取用。开窖时，应从窖的一端开始，揭开塑料薄膜，由上至下逐段垂直取用。用完后用塑料薄膜封盖好，切忌全部揭开塑料薄膜；否则，会有大量的空气进入窖内，容易引起二次发酵，使秸秆发生腐烂变质。

秸秆经微贮后，原来黄干粗硬的秸秆变得较为蓬松柔软。由于制作微贮饲料过程中加入了适量水分，所以秸秆变得和青贮饲料一样多汁，并产生一种酸香气味，可刺激动物嗅觉，引起食欲。与喂黄干秸秆相比，一般喂微贮后的秸秆可使采食速度及采食量均提高 20%～40%，秸秆可消化率提高 35% 左右。利用微贮法制作出的饲料可改善动物肠胃的生态平衡，促进动物的成长和发育。

第三节　肉羊高效繁育新技术

一、技术简介

杂交改良后的商品肉羊羔羊日增重可达 300g 以上。杂种羊具有体型大、生长快、饲料转化效率高、出肉率高等优势，屠宰率可达 50%，可多产肉 10%～15%。有人采用夏洛莱公羊与小尾寒羊母羊杂交一代羔羊与小尾寒羊纯繁羔羊进行比较，杂交羔羊 3 月龄的成活率为 95.98%。在相同饲养条件下，6 月龄夏寒杂种一代羔羊相比同龄小尾寒羊羔羊体重提高 26.46%，胴体重提高 32.16%。

羊人工授精是指利用器械以人工方法采集公羊的精液，经检查、稀释和保存等特定方法处理后，用器械输入到发情母羊生殖道的特定部位使其妊娠的一种家畜繁殖技术。人工授精技术在当前仍然是先进的繁殖技术之一，在肉羊杂交改良和新品种育成等方面都发挥着重要作用。

//////////////

二、技术实践

1. 配种前的准备工作　凡是计划参加配种的母羊尽量做到单独组群、分别管理，防止杂交乱配，对劣质公羊去势、结扎。对留作试情的公羊在配种前 30d 进行输精管结扎，在使用前充分做好排精和精液检查工作，同时做好羊群的防疫检疫工作。配种前加强放牧，延长放牧时间，做到放好、吃饱、饮足、勤喂盐，保持圈舍干燥、夜间休息好，达到满膘配种，提高受胎率。

2. 母羊的发情鉴定　绵羊属季节性发情动物，立秋后出现多个发情周期。绵羊的发情周期平均为 17d，发情持续期平均为 24～30h。排卵多出现在发情征状刚结束时或发情出现以后 20～32h。发情母羊一般有频频走动和鸣叫，不安心采食，外阴黏膜充血潮红、稍为肿胀。发情母羊喜欢接近公羊，并有强烈的摆尾动作，公羊爬跨时静立不动，有时也接受其他母羊的爬跨，但一般不主动爬跨其他母羊。对母羊进行发情鉴定是为了及时发现发情母羊，正确掌握配种时间，防止误配漏配，提高受胎率。

　　试情的方法是利用试情公羊与母羊接触（图 3-4），以观察母羊的反应而判断母羊是否发情。将试情公羊（输精管截除，阴茎移位，拴系试情布的公羊）按 1：（40～50）的公母比例组群，在每天清晨 6：00—8：00 进行试情；也可每天试情 2 次，早晚各 1 次。正处于发情期的母羊见试情公羊入群后会主动接近公羊，频频摆尾，驯服地接受公羊的挑逗和爬跨。试情时要保持安静，不要大声喧叫，更不能惊动羊群，以免影响试情公羊的性欲。试情过程中要随时赶动母羊，使试情公羊有机会追逐发情母羊。只有接受公羊爬跨并站立不动的母羊才视为发情母羊，应将其隔离并打上记号以备配种。

3. 采精规程　采精者蹲在台右后方，右手横握假阴道，气卡活塞向下，使假阴道前低后高，与母羊骨盆的水平线呈 35°～40°角，紧靠台羊臀部。当公羊爬跨、伸出阴茎时，迅速用左手托住阴茎包皮，将阴茎导入假阴道内。当公羊猛力前冲并弓腰后即完成射

图 3-4 母羊的发情鉴定

精，全过程只有几秒钟。随着公羊从台羊身上滑下，顺势将假阴道向下、向后移动取下，并立即倒转竖立，使集精瓶一端向下，然后打开气卡活塞放气，取下集精瓶，并盖上盖子送操作室检查。采精时注意力必须高度集中，动作敏捷，做到稳、准、快。采精频率应根据配种季节和公羊的生理状态等实际情况而定。在配种前的准备阶段，一般要陆续采精 20 次左右，以排除陈旧的精液，提高精液质量。在配种期间，成年种公羊每羊每天可采精 1～2 次，连用 3～5d，休息 1d。必要时第 6 天采精 3～4 次，2 次采精后让公羊休息 2h 后再进行第 3 次采精。一般不连续高频率采精，以免影响公羊采食、性欲及精液品质。精液品质评定是绵羊人工授精工作中的一项重要内容。要严肃认真，细致操作，随时注意外界条件对精子的影响。一般检查的项目有精子外观、精子密度和精子活力。采精后先观察颜色、数量、辨别气味，正常精液颜色为乳白色，无脓、无腐败气味，肉眼能看到云雾状。公羊的射精量平均为 1mL（0.5～1.8mL），每毫升含精子数 10 亿～40 亿个。精子的密度和活动情况要借助相关仪器进行检查，否则会对受胎率造成很大影响甚至造成空怀。

4. 输精过程 采用一次试情两次输精的方法，即早上试情一次，发情当时输精，第二天早晨再输精一次。也可采用一次试情一次输精的方法，即早上试情一次，第二天早上输精一次。用阴道开张法输精前，必须将母羊外阴部用来苏儿溶液清洗、擦净，再将开膣器插入（图 3-5）。寻找子宫颈口，用大拇指轻压活塞，将精液注入子宫颈口内 0.5～1cm 处，注入后即可取出输精器，然后用干燥的灭菌纸擦去污染部分。每次输精剂量为绵羊 0.2～0.5mL，所含的有效精子数应在 7 500 万个以上。工作完毕后，输精器械应按规定及时清洗、消毒存放，并及时整理好有关记录，为下次工作做好准备。

图 3-5　为母羊输精过程

第四节　肉羊甲烷抑制减排技术

一、技术简介

与其他反刍动物一样，羊瘤胃发酵过程中也产生甲烷。反刍动物瘤胃在长期的选择进化中形成了其特有的消化方式，与其他单位动物相比，它能够高效利用纤维素、半纤维素等结构性碳水化合物来合成机体所需要的营养物质。饲料到达瘤胃后，在各种酶的作用下先被降解为简单的糖类，而后迅速被微生物利用转化为丙酮酸，之后经过各种代谢途径进行发酵，产生乙酸、丙酸、丁酸等发酵产物，而在丙酮酸转化为乙酸的过程中伴随着大量二氧化碳和氢气的生成，继而被产甲烷菌通过种间氢传递的方式利用合成甲烷。另外，丙酸可利用氢气生产糖，因此，甲烷产量与乙酸、乙酸/丙酸呈正相关，与丙酸含量呈负相关。甲烷的生成，有效地利用了氢气，使瘤胃内环境维持在一个低水平氢分压状态，对保证纤维分解菌的活性及其他有益菌的生长、繁殖，粗饲料的利用具有重要意义。

反刍家畜甲烷减排技术发展至今，形成了很多减排方法，具体可以归纳为饲料及饲养管理、瘤胃甲烷抑制剂、遗传选育技术和饲料剩余量。

二、技术实践

日粮营养平衡调控技术，主要指通过适当添加能量和蛋白质饲料，提高饲料利用率，降低瘤胃内养分降解速度，抑制瘤胃发酵，从而提高肠道对养分的吸收（娜仁花等，2009）。Moss 和 Givens（2002）往牧草青贮中添加不同比例的黄豆饲喂羯羊，发现日粮添加粗蛋白质有降低 CH_4 排放的作用。添加过瘤胃蛋白也可以降低 CH_4 产量，蛋白质在瘤胃中分解为氨基酸后按碳水化合物分解方式代谢，从而产生 CH_4。而让蛋白质直接到达小肠内消化则不会产生 CH_4。在反刍动物饲养中推行 TMR 及采用青贮发酵饲料同样可以降低 CH_4 产生。Cao 等（2010）发现用发酵的 TMR 饲喂绵羊，相对于不发酵的 TMR 可显著降低 CH_4 产量，并促使瘤胃中的乳酸向丙酸转变。改变饲喂程序和增加饲喂次数也可以减少 CH_4 生成。若将精粗料分开饲喂，则先粗后精可以使更多的能量通过瘤胃，从而减少 CH_4 的排放。而少量多次的饲喂方式可降低瘤胃 pH 和乙酸/丙酸，增加过瘤胃物质的数量，从而减少 CH_4 的产生（李新建等，2002）

Animut 等（2008）发现，往西班牙羯羊日粮中添加富含单宁的胡枝子，可以直接影响产甲烷菌活性，从而降低 CH_4 产量。单宁抑制 CH_4 可能有两种模式：①抑制甲烷菌；②降低饲料降解率，减少生成 CH_4 的底物 H_2（Tavendale 等，2005）。然而，在日粮中添加较低浓度的单宁，在降低 CH_4 生成的同时并不会对其他代谢活动（如蛋白质的消化）带来负面影响。

Mao 等（2010）发现，在湖羊饲料中添加 3g/d 茶皂素，与对照组相比 CH_4 产量降低 27.7%。胡伟莲（2005）证明，茶皂素可以促进瘤胃液体外发酵，降低氨态氮（NH_3-N）浓度，抑制 CH_4

生成，同时抑杀瘤胃原虫，提高微生物蛋白产量。丝兰提取物的主要成分是甾类皂苷、自由皂苷和糖类复合物。其特殊的生理结构对 CH_4 有很强的吸附能力，同时还影响消化道内环境，降低乙酸浓度，提高丙酸浓度，并有强烈的抗原虫能力。Xu 等（2010）采用体外发酵试验，在不同精粗比日粮中添加丝兰提取物，均显著降低了 CH_4 产量。Wang 等（2009）以绵羊为试验动物，日粮中添加 170mg/d 的丝兰提取物，发现单位可消化有机物和单位中性洗涤纤维的 CH_4 产量分别降低了 3.3g/kg 和 12.0g/kg。然而，皂苷对纤维降解有一定的负面影响，也有引起胀气的危险（李胜利等，2010）。Wood 等（2009）采集绵羊瘤胃液进行体外发酵试验，证明富马酸可降低 19% 的 CH_4 产量。随后对生长期羔羊进行体内试验，发现每千克干物质中添加 100g 富马酸后，CH_4 由 24.6L/d 降至 9.6L/d。体外批次培养试验证明，富马酸对高粗料型日粮 CH_4 抑制作用更强（Garcia Martinez 等，2005）。

第四章

家禽低碳养殖技术

家禽低碳养殖技术包括高效生产和低排放，前提是动物生产性能不受影响甚至有所改善。基于上述定义，家禽高效低排放养殖技术包括但不局限于家禽健康的营养调控技术、饲料营养素的合理搭配技术、粪便排放总量降低技术、低氮排放技术、低磷排放技术、低重金属排放技术、传送带集粪处理工艺技术、肉禽发酵床饲养模式、肉鸭异位发酵床饲养模式、高压喷雾消毒降温技术、禽舍节能工艺技术等。这些技术措施的实施，有助于提高禽存活率、产肉和产蛋率，提高粪污资源化利用，保障产品质量安全，促进家禽养殖业的健康可持续发展。

第一节 粪便排放总量降低技术

一、技术简介

狭义的粪便排放总量就是动物排泄的粪尿总量，因为家禽的泄殖腔内有肛门和尿道开口，禽的粪、尿在一起。所有能提高家禽对饲料营养素利用率、减少饮水量的手段，均可减少粪便排放总量。要求从饲料原料和添加剂的选择、饲料配方设计、饲料加工工艺等环节，严格监控质量，采用系统营养调控手段，最大限度地发挥畜禽的生产潜能，将畜牧业生产带来的环境污染减小到最低限度，从而实现畜牧业的可持续发展。

二、技术实践

1. 控制源头用水　精确管控用水量和水质，对于减少禽粪产量具有积极意义。家禽养殖的水料比有密切联系，采食量多，饮水量多，粪便含水率高，产粪量增加。可通过安装水表，应用高效节水型饮水器（带饮水碗的球阀式饮水器），加装水质过滤装置，控制饮水中钾、钠等盐类含量，定期清理水线，精确记录和管理成鸡饮水量［控制在 $0.18\sim0.25\mathrm{kg/}$（只·d）］；在确保饲粮离子平衡、氨基酸平衡等条件下，降低饲料氯离子、粗蛋白质水平等，均可有效减少饮水量和粪便水分含量。

2. 精准饲养减少粪便排放　仅仅减少排水量还不够，还要从源头减少粪便等有机物的排放，做好家禽的精准饲养。氮、磷和有害气体（主要是 NH_3 和 H_2S）是畜禽排泄物污染的主要来源，在营养平衡的基础上适当降低营养水平，选用高消化率的原料，添加酶制剂、微生态制剂、霉菌毒素降解剂等，是通过饲料配制降低畜禽排泄物污染的常用措施。

果寡糖和益生素的添加可改善肉鸡肠道微生态环境，有效降低粪中 NH_3 和 H_2S 的挥发量。

第二节　低排放饲料应用技术

一、技术简介

基于理想氨基酸模式，通过晶体氨基酸的使用平衡饲粮氨基酸，可在不影响动物生产性能的前提下，显著降低饲粮粗蛋白质水平及微量元素，减少豆粕的用量，大幅降低禽舍中氨气浓度，从而减少氮和臭气排放，促进肠道健康（低蛋白质日粮可显著降低家禽盲肠中短链脂肪酸等发酵代谢浓度，改变肠道菌群结构），减少家禽腹泻，减少抗生素用量。此外，应用节水型饮水器，可减少饮水洒漏，降低粪便含水率，同时将粪便及时清出鸡舍，探索应用粪便除臭、固氮等技术，避免因粪便腐败发酵而产生氨。

饲料磷排放已成为环境污染的重要因素，在不影响动物生产性能的条件下，可通过饲料营养、精细管理等手段和措施，保证动物健康和生产潜能的发挥，减少养殖业磷排放。

二、技术实践

1. 氨基酸＋植酸酶技术　采用可得到的氨基酸（赖氨酸盐酸盐和硫酸盐、蛋氨酸和蛋氨酸羟基类似物、L-色氨酸和L-苏氨酸），用净能体系配制饲粮更精准、经济，注意合适的蛋白质净能比，否则能量蛋白质比不合适将影响家禽生长和生产。

以有效磷或非植酸磷值作为饲料磷的指标值；结合代谢能与采食量综合考虑以确定合理的磷值；降低饲料中钙的含量；添加植酸酶和复合酶可显著提高肉鸡氮、磷利用率，进而大幅度降低氮、磷排放量。

（1）应用范围与条件　需要考虑饲料蛋白质原料中氨基酸的可利用率，最好使用饲料原料的标准回肠可消化氨基酸来计算配方、配制饲粮。饲用酶制剂有提高肉鸡蛋白质消化率的作用，尤其能提高杂粕等低档替代性原料蛋白质消化率，部分抵消因杂粕替代豆粕导致的蛋白质消化率降低，此途径也可减少肉鸡的氮排放量。

（2）使用时期及范围　肉仔鸡饲养全期均可使用。产蛋鸡饲养喂低蛋白质饲料可降低蛋重，但是在产蛋后期使用，可适当降低蛋重、提高产蛋率。

植酸酶应用范围与条件宽泛，多个生理阶段均可使用，幼龄动物使用及夏季采用低磷饲粮时要慎重。采用低磷配制技术，蛋禽饲料可以节约成本 15～20 元/t，肉鸡饲料节约 10 元/t 左右。

2. 低微量元素应用技术　饲料中常添加铁、铜、锰、锌、硒、碘、钴、镁等微量元素，由于价格因素，一般以无机形式添加。饲料中添加的微量元素量，一般不考虑饲料原料中的相应微量元素量，所以有可能导致成倍添加，这些因素均可造成饲料微量元素的超量供给，超出动物营养需要，影响动物生产性能，增加排泄物中微量元素含量，使得承载动物粪便的土地超负荷。

充分考虑饲料原料中的微量元素及其可利用性，关注不同生理阶段、不同动物对微量元素需要的不同，考虑微量元素的平衡模式，适当采用有机微量元素等技术，制订配方、预混原料，可有效降低饲料中微量元素的添加量，满足动物需要，减少通过粪便排泄微量元素量的技术，即低微量元素排放技术。

第三节 传送带集粪处理工艺技术

一、技术简介

根据养殖方式不同，禽舍集粪的方式有人工清粪（多用于散养和网上平养）和机械清粪。禽舍机械集粪的主要方式见表 4-1。

表 4-1 禽舍机械集粪的主要方式

类型	适用范围	工作原理	特点	缺点
刮板	阶梯式笼养和网上平养	链式和往复式刮板清粪，通过电机带动刮板沿纵向粪沟将粪便刮到横向粪沟，排到舍外	可根据舍内粪沟的大小做成多种规格；动力设备简单，只需将驱动机构固定在舍内适当位置，通过钢丝绳（尼龙绳或链条）和电器控制系统，使刮粪板在粪沟内做往复直线运动清粪	噪声大，粪便收集不彻底，粪便内有害气体易散发到禽舍，污染环境；维修便捷性差，需经常清理刮粪板上面的粪污

（续）

类型	适用范围	工作原理	特点	缺点
传送带	层叠式和阶梯式笼养鸡舍，横向清粪	功率 1～1.5kW，带速 10～12m/min，带宽 0.6～1m，长≤100m，鸡场可根据养殖量、鸡笼宽度等选择合适参数	工作传动噪声小，维修方便，效率高，动力消耗少；粪便在承粪带上搅动次数少，空气污染少，利于改善家禽生存环境条件；清粪带耐冲击、腐蚀、低温、韧性强、摩擦系数低、寿命长；灵活，能适应多种工作环境	长期使用，易发生延伸变形而打滑，需经常调整张紧度

传送带清粪机又叫履带清粪机。最常见的传送带集粪工艺是每层鸡笼正下方铺设传送带，其与鸡笼同宽，略长于整列笼架。通常多层配合使用，笼架末端设置横向传送带，将每列每层收集的鸡粪转运至舍外，再通过斜向上的传送带将舍外集粪提升后送入清粪车拉走。传送带采用特殊化纤、聚乙烯等耐老化材料，具有防寒、防腐蚀、耐磨等特点，使用寿命长，维修维护方便。

二、技术实践

禽舍立体笼养有两种设备，即 A 形笼和 H 形笼。A 形笼即阶梯式笼养，鸡笼呈阶梯式 A 形安装（图 4-1）。优点是各层鸡笼敞开面积大，通风和光照比较好。缺点是饲养密度低，占地比较大，鸡笼上层鸡粪会掉到下面一层鸡身上，不利于鸡的健康和羽毛的完整度。

H 形笼即层叠式笼养，鸡笼像楼房一样一层叠一层，呈叠层式 H 形安装（图 4-2）。

叠式鸡笼饲养占地面积小、空间利用率高、容易实现集约化和

图 4-1　鸡笼呈阶梯式 A 形安装

图 4-2　鸡笼呈叠层式 H 形安装

规模化饲养，鸡粪分层清理，每层笼底有清粪带，容易收集后集中处理，鸡粪利用率高，对环境污染极小，有利于预防传染病的发生，可提高鸡群的生产性能。

目前，我国蛋鸡生产中阶梯式或半阶梯式笼养仍然占据非常重要的地位，中小型鸡场普遍使用阶梯式蛋鸡设备。过去大多采用人工或刮板清粪，尚存在以下一系列问题。

（1）粪沟施工不当造成沟底和侧墙不平直等，导致粪便难以刮净。

（2）乳头饮水器漏水等导致低洼处积水，粪水混合发酵导致舍内有害气体挥发增加。

（3）钢丝绳等作为牵引绳时易被腐蚀，需要经常更换；尼龙绳的耐腐蚀性强，但易变性，沾水后容易打滑，导致牵引绳过松、运行慢等问题。

（4）所收集的粪便稀、含水多，当鸡舍湿度较低时，鸡粪中水分大量挥发，鸡群换羽时鸡粪中混入大量的羽毛，导致鸡粪含水率过低甚至出现板结现象，给清粪带来一定难度；部分饲养员为了清粪方便，在清粪前向粪沟内加水进行稀释；日常操作中冲洗鸡舍内的水也会流入粪沟。这就导致鸡舍环境差、粪便的后续处理难度大等问题。

（5）采用刮板清粪时，系统末端与舍外的集粪池之间的开口大，密闭性差，严重影响鸡舍负压通风效果。

因此，阶梯式笼养需要改进清粪工艺，将刮板清粪改为传送带清粪。

鸡舍清粪工艺的改造不同于新建鸡舍，受到多种实际情况的限制。根据传送带清粪工艺技术要求，鸡舍长度宜控制在 100m 以内。对于已经采用刮板清粪的阶梯或半阶梯笼养鸡舍，可采用将原来刮粪板使用的粪沟填平后再进行改造或直接将清粪履带安装在粪沟中两种方案。两种改造方案各有优缺点：

（1）采用阶梯笼养工艺的鸡场，可选择用传送带替代人工清粪或刮板清粪的改造方式。

（2）改造时，应根据鸡舍的净高及传送带清粪工艺的技术要求选择相应的改造方法，鸡舍长度宜控制 100m 以内。

（3）鸡舍净高大于 2 700mm 时，选择将原有粪沟填平后安装传送带的改造方法。改造时，在地面重新设置立柱，用于固定传送带（图 4-3），再把鸡笼笼腿连接并安装在立柱上。设置立柱会使鸡笼高度比原来增加 300～400mm，对改造鸡舍的净高度有硬性要求。此改造方法需要挪动鸡笼，改造过程比较烦琐，但后期运行管理较为方便。

（4）鸡舍净高小于 2 700mm 时，选择将清粪传送带直接安装在粪沟内的改造方法。改造时，可在粪沟侧壁上安装 C 形钢用于固定传动带。此方法简单易行，不需挪动笼架，但使用过程中粪便会从粪沟壁与传动带的缝隙处掉落，需要将传送带拆卸后才能实现彻底清除、消毒和后期维修管理（图 4-4）。

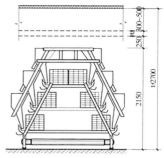

图 4-3   粪沟填平后安装传送带

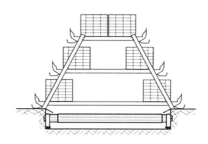

图 4-4   将传送带直接安装在粪沟内（改造方案）

（5）改造时，传送带长度方向需在首架鸡笼前端延伸 800mm、末架鸡笼末端延伸 1 200mm，用于传送带松紧调节，便于清粪作业。为防止收集过程中粪便遗漏，传送带宽度应保证底层鸡笼的粪便都能落在带上。

（6）底层鸡笼底网与传送带的距离不能小于 100mm。

（7）鸡舍末端需要建造一个横向的传送带，将各列鸡笼下传送带收集的粪便集中后运至舍外。横向传送带到舍外后，可通过一个斜向上传送带将收集的粪便直接送至车上运走（图 4-5、图 4-6）。

传送带清粪机使鸡粪干燥成粒状容易处理，粪便再利用率高；全程粪不落地、及时清理、日清日结，可直接把粪便送到禽舍外的清粪车上，节能省工，使禽舍内氨、硫等有害气体浓度显著降低，粪便在舍内时间停留短、无发酵，可减少鸡粪发酵直接产生的氨挥发和温室气体排放。鸡粪含水率低，收集率高，是有机肥生产的最

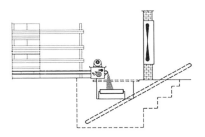

图 4-5　鸡舍末端横向输粪传送带

图 4-6　粪沟末端横向传送带安装实景

佳原料。传送带清粪机可显著改善鸡舍内环境，提高肉鸡成活率和生产性能，增加养殖效益，节省成本，提高生产效率。

第四节　肉禽发酵床饲养技术

一、技术简介

发酵床饲养模式是利用现代微生物技术，通过在粪便中添加微生物及其发酵底物，固定家禽粪便中含氮物质等，减少臭味排放的饲养模式，是结合现代微生物发酵处理技术提出的一种环保、安全、有效的生态养殖方法，可解决畜禽养殖的粪污排放、污染、臭气等问题。肉鸡、肉鸭发酵床饲养技术，具有高成活率、低污染、低疾病发生率、可循环发展等优点。

二、技术实践

1. 发酵床饲养管理标准　第一层：地面上铺稻壳 10cm 厚，然后撒干粉菌种。第二层：铺锯末 10cm 厚，然后撒干粉菌种。第三层：铺稻壳 10cm 厚，然后撒菌种。第四层：铺锯末 10cm 厚，然后撒菌种。第五层：覆盖稻壳 5cm。

2. 应用效果及注意事项　发酵床饲养肉鸡，出栏后不用清理粪便，而且大棚内没有臭味，不用消毒，可以减少消毒药物的使用，空气质量好，垫料舒服，可使鸡胃肠道更健康，肉鸡发病率低、成活率高，节省医药费。此法已在山东莱芜、烟台、滨州、济宁、临沂等市广泛推广，健康鸡苗饲养成活率比传统养鸡方法提高 4%～7%，可达 99% 以上，医药费每只鸡节约 0.5～1.0 元。发酵床饲养肉鸡克服了传统地面平养和网上平养污染大的弊端，既做到了鸡粪的有效处理，垫料循环使用，又改善了养殖和社会环境，是当前行之有效、更为合理的生态环保养殖模式。

冬季发酵床床面自然温度高，可使取暖费用大大降低。用发酵床饲养肉鸡，一次性制作床体正常情况下能使用 2～3 年，平时只要适当维护一下表层即可，不用在肉鸡出栏后或饲养过程中清理粪便，从而能节省大量的劳动力。发酵床饲养肉鸡可以改善料重比，确保鸡肉产品安全。然而由于养殖对象和垫料直接接触，垫料水分和其中含有的有害微生物对养殖对象存在不良影响的可能。肉鸭采用这种方式养殖时，容易造成霉菌感染和"趴脯"现象（"趴脯"主要指肉禽直接与发酵床垫料接触，冬季发酵床蒸发的湿气大，肉禽趴下休息、取暖，易造成腹部皮肤受损，屠宰后变黄、有出血点等，影响商品质量）。

第五节　肉鸭异位发酵床养殖技术

一、技术简介

异位发酵是将动物饲养与粪污的发酵降解分开处理，是一项集粪污减量化、无害化和资源化利用为一体的综合配套技术。它将养殖的粪污收集后，通过喷淋装置，将粪污均匀地喷洒在发酵槽内的垫料上，并加入专用的高温菌种，利用翻抛机翻耙使粪污和垫料充分混合，在微生物作用下进行充分发酵，将粪污中的粗蛋白质、粗脂肪、残余淀粉和尿素等有机物质进行降解或分解成氧气、二氧化碳、水和腐殖质等，同时产生热量，中心发酵层温度可达 60～65℃。通过翻抛作用，水分蒸发，形成堆肥。异位发酵床具有节省场地，节约成本，可反复使用，快速升温，加速分解粪尿，无臭环保，抑制粪料蝇、蛆、虫生长等优点，可实现养殖零污染、无排放、无臭气，同时避免天热给发酵床养殖技术带来的困扰。

二、技术实践

异位发酵床养殖新模式，采用网床养鸭，网床高度 1.5m 左右，网床下铺设垫料，制作成发酵床。发酵床的制作方法与常规发酵床相同。在发酵床运行过程中，利用自动翻抛机定期翻拌垫料，促进粪污分解。无论是室内发酵床养殖，还是异位发酵床，管理不好都会存在粪便不分解的"死床"现象。其原因，一是发酵床垫料湿度大，水分过多，形成厌氧环境，造成"死床"，不仅影响粪污发酵降解，还产生臭气；二是粪尿聚集过量，或物料与粪污堆放不均匀，发酵床垫料透气性差，形成板结，造成碳氮比失调，好氧微生物无法工作，从而造成粪便不能及时分解；三是好氧微生物菌群活性弱，还没启动开始分解粪便就失去活性，从而造成粪便不分解。因此，发酵床要注意管理，控制好物料水分原料含水率，一般为 45%～65%，锯末、稻壳等辅助材料添加要科学，碳氮比（C/N）一般为（20～40）∶1。垫料中应少用消毒剂，饲料中尽量减少抗生素的使用。根据不同动物、环境、垫料成分等条件，可酌情调整用量。

异位发酵床养殖模式中，养殖对象不与垫料直接接触，可避免发酵床中水分和有害微生物对养殖对象的不良影响。北京鸭异位发酵床养殖的实践表明，这种新型发酵床养殖模式与传统地面养殖和常规发酵床养殖相比，可节省人工，降低料重比和死淘率，减少舍内氨气浓度。肉鸭采用异位发酵床已经获得成功，且在北京大兴区和河北河间市推广应用（图4-7）。

图4-7　肉鸭异位发酵床养殖

第六节　禽舍环境调控技术

一、技术简介

禽舍内环境状况是影响家禽健康与生产性能发挥的重要因素，在与家禽生产相关的养殖品种、饲料、疫病、生长环境和管理等诸多因素中，环境因素所起的作用占20％～30％。在现代化家禽生产中，规模化、集约化的封闭式、高密度饲养方式占据主导地位，舍内环境的控制尤为关键。实施科学的环境控制，使禽群始终处于一个适宜的生长发育环境，可提高禽的免疫力，提高饲料转化率，节约养殖成本，是禽群健康发育、安全生产的根本保障。目前，家禽生长环境自动控制技术较为成熟，是依靠相关传感器对环境中温度和湿度自动感知、检测和分析处理。影响家禽生长发育的环境因素有很多，主要包括温度、湿度、空气中的有害气体（氨气、硫化氢）、温室气体（二氧化碳、甲烷、一氧化碳）、光照以及噪声等。

二、技术实践

1. 节水消毒降温技术 由于家禽的体温较高、群养、饲养密度较高等原因，鸡舍内的温度较高，因此夏天需要降温；消毒可以较好地减少环境中有毒有害微生物、灰尘等的数量，有效维护家禽健康。目前我国禽舍内的消毒主要有喷雾、冲洗等方式（表 4-2），消毒的同时还具有降温效果。

表 4-2 禽舍消毒的主要方式

消毒方式	技术要点	工艺特点	缺点	用水情况	降温效果
冲洗	一般采用高压水枪冲洗消毒舍内	简单、成本低	耗水量大、舍内湿度大	耗水量较大	显著
手动喷雾	背负式喷雾器，人工加药、背负、手动喷雾	简单、成本低、传统方式、自由使用	人工劳动强度大、效率低、不精确、消毒覆盖范围小	耗水量大	差
电动喷雾	实用手推式电动喷雾器，人工手持喷雾杆舍内喷雾	传统方式、简单、成本投入较低、可在栋舍及场内自由使用	人工劳动投入较大、不精确、消毒覆盖范围窄	耗水量较大，相比背负式，节水>30%	较好
自动喷雾	舍内固定布设喷雾管线，由喷嘴、喷雾管线、加压泵、加药系统、控制系统等组成	自动化控制、高压喷雾效果好、省水、省药、省人工、雾化均匀、无死角	前期投入大	耗水量小，相比电动喷雾节水>60%	好

在鸡舍内鸡笼上方安装高压喷雾系统，采用特制的喷头将水变为 $60 \sim 100 \mu m$ 的雾滴，可有效地对鸡舍降温、加湿、除尘、消毒。喷出来的水雾在下降过程中，可将空气中的灰尘净化，改善鸡舍内环境，减少对舍外空气的污染。同时也可在水中加入水溶性消毒药

品，定时进行自动带鸡消毒，减少禽发病率，提高饲养工作效率。

该技术的关键主要由雾化喷头（混药器）、喷雾管线、水箱、药箱和高压泵等组成。雾化喷头安装在鸡笼上方，系统利用压缩空气作动力，配制好的药水在压力差的作用下被吸出，在畜禽舍内均匀分布弥散，均匀地喷洒在鸡笼上方，在禽舍环境里形成弥散式的雾气，解决消毒死角问题。

应用高效喷雾消毒技术，雾化充分，雾滴均匀，杀菌消毒效果为70%以上，能够快速实现消毒、加湿等功能且喷雾量可准确控制。采用空气雾化原理，长期使用无堵塞，停止喷雾时，水会自动流入水箱，喷头处无积水、挂滴，不滴漏。前端注意增加水质过滤装置，注意使用可溶性较好的液态消毒药剂。

2. 禽舍节能光照技术　在满足禽舍光照需求的前提下，使用新型可调光节能灯（LED）照明，光线更加柔和，灯具防水防尘，节能效果显著，可促进家禽生态健康养殖（图4-8）。

采用可调光型LED灯和微电脑光照控制系统，用于禽舍光照环境的控制，能够基于不同周龄家禽对光的需求，编程控制光照强度（0~100 lx），降低能耗，具有科学补光、节约电能、节省劳动力的优点。其特点：①根据饲养蛋鸡周龄，改善禽舍光照环境，实现对禽舍光照环境的科学管理；②改变了传统需要人工更换灯泡的方式及人工开启灯具调节光照环境的现状。③灯具具备防水防尘条件，节能效果良好。

图4-8　禽舍新型可调光节能灯（LED）照明

3. 禽舍智能控制技术　应用现代物联网技术，建立禽舍内温度、湿度、有害气体等关键指标的环境质量监测系统，并根据家禽对环境的实际要求，采用预先设定参数调控的模式，高效调控禽舍通风、降温、供暖、光照等设备，更好地服务于养殖场生产和管理。

图 4-9　禽舍环境智能控制系统

禽舍环境智能调控技术包括三部分（图 4-9）：①舍内环境监测，通过安装监测传感器，实现对禽舍环境（温度、湿度、照度、CO_2、氨气）的自动化监测；②数据分析处理，根据设定的环境参数，对实时监测数据进行分析，实现对环境控制设施（风机、湿帘、灯光、自动清粪）等的智能化调控；③环境设备响应，控制器接受到控制终端发送指令后，可对环境控制设备进行调控，具体指令一般包括开启对象、开启时长、开启数量等。该项技术广泛适用于蛋鸡和肉鸡的叠层笼养系统与地面养殖系统。禽类养殖的全生育期均可使用。

该技术应用后具有以下效果：①实现对家禽养殖场舍内环境的自动化实时监测，可查询检测记录及历史数据；②能够根据家禽生长周龄对环境因素进行智能化调控，实现科学调节；③通过微电脑控制器完成一系列对环境控制设备的调控，实现自动化，节省劳动力；④对系统、设备运转过程中出现的故障进行超限报警，确保生产需要；⑤操作过程简单、直观，用户只需经简单培训即可操作；

⑥提供趋势曲线、数据报表、超限报警等功能，可根据应用要求扩展，使管理简单化。

4. 可调无助力通风技术　是指在屋顶上装置不用电的排风换气机，通过给风机加装控制系统，以阻断风路的形式，实现对通风量、通风时间的调控。

可调控无助力通风机包含无助力通风机和调控风帽两部分。根据阻断风路的方式可分为双片瓣、百叶窗、伞叶和电动百叶窗结构（表4-3）。

表 4-3　阻断风路方式

结　构	原　　理
双片瓣	通过安装拉杆，手动控制两片叶片的开闭，实现通风口的开关
百叶窗	通过拉杆（拉绳）控制百叶窗片，手动拉动百叶窗片的开闭
伞叶	通过一个可旋转的拉杆控制一组伞叶开闭，手动控制开关
电动百叶窗	将手动拉动变为电动控制，通过在通风机风扇与通风管之间加入一组电动百叶窗，控制百叶窗的开关，实现对风路的控制

该项技术适用于中小规模屋顶通风的家禽养殖场。通过对风路的控制，改变以往不可人工调节、影响冬季保温的问题。具有无需能源、通风量、通风时间可调节等优点。电动控制模型还可以接入自动化管理系统，具备通风条件自动化控制的条件，能够满足畜禽舍对通风的需求（图4-10）。

图 4-10　可调控无助力通风系统

5. 优化设备工艺节能减排技术

（1）在鸡舍建造过程中，在鸡舍外墙安装一层新型环保材料，能够起到保温隔热作用，达到鸡舍冬暖夏凉的效果，降低冬季取暖的用煤量，同时也可减少暖风机的工作时间，节约电能。

（2）改进自动化鸡舍的复杂操作流程，优化生产工艺，更新和使用能耗低、功效大的设备，可以缩短劳动时间，节省人力开支，降低劳动成本。

（3）鸡舍照明动力采用太阳能等新型能源，可以实现清洁生产，减少碳排放对环境的影响。

（4）采用新型光源照明，达到节能效果，推进肉鸡生态健康养殖。使用太阳能灯、LED灯照明，一方面使光线更加柔和，另一方面通过清洁和可再生能源的使用，达到节能的效果，实现生态健康养殖的目标。

（5）改进纵向通风系统，减少电力消耗，对鸡舍结构进行必要改进，采用横向通风与纵向通风相结合方式，在横向通风方面，在鸡舍一面墙安装大窗，另一面墙装有通风小窗，在天气较好时充分利用自然风达到横向通风效果，天气不好时再使用纵向通风。

（6）采用鸡舍智能除臭系统，主要应用空气智能监控设备，快速检测鸡舍有害气体，设备在互联网下通过手机推送信息预警并与除臭设备连接，特别是在冬季，应用除臭菌液和环保酵素，通过饮水、喷洒及覆盖粪便，可迅速分解导致腐败和恶臭的有机物，有效清除氨气、硫化氢、苯酚等各种臭味成分，减少对鸡群的危害，净化舍内空气。

（7）采用新型二氧化氯产品进行带鸡消毒和空舍消毒。新型二氧化氯产品杀菌能力强，具有光谱性、高效、快速、受温度影响小、pH适用范围广、对人体无刺激、没有耐药性、无毒、无"三致"、无残留等特点，能够对鸡舍空间内细菌病毒进行杀灭。在常温下气体容存于水中，其浓度可以任意设定，无须添加任何活化剂而可直接使用。应用气化设备可以喷出纯二氧化氯气体，不含水分，不会增加鸡舍内的温度和湿度，实现真正意义上的空气消毒。喷出的二氧化氯气体可以快速杀灭空气中的致病微生物，降解鸡舍内的氨气和硫化氢气体，改善舍内环境。同时，鸡可以吸入一定的二氧化氯气体，对其呼吸道的各种疾病进行预防和前期治疗。

第五章

低碳农产品知识问答

1. 什么是低碳农业？

低碳农业，是指以减少大气温室气体含量为目标，以减少碳排放、增加碳汇和适应气候变化技术为手段，通过加强基础设施建设、产业结构调整、提高土壤有机质、做好病虫害防治、发展农村可再生能源等农业生产和农民生活方式转变，实现高效率、低能耗、低排放、高碳汇的农业。

2. 什么是农产品碳足迹？

农产品碳足迹是指农产品在其整个生命周期内，即原材料取得、生产、加工、制造、运输、销售、使用以及废弃阶段过程中所直接与间接产生的温室气体排放总量。由于农产品整个生命周期链条长而复杂，不易计量，因此，农产品碳足迹多采用计量部分生命周期内温室气体排放量来表示农产品部分碳足迹。如碳披露农产品就是生产企业从摇篮到大门的半生命周期内温室气体排放量。

3. 什么是碳披露农产品？

碳披露农产品是生产企业从摇篮到大门的半生命周期内，即在养殖场内生产全过程的温室气体排放总量评估，或产品深加工生产全过程的温室气体排放总量的评估。碳信息披露农产品必须符合相关法律法规、产品质量、安全、健康、环保等标准以及产业发展政策等要求，同时其生产企业自愿、如实、定期地根据相关标准、规范要求在指定的平台向公众以特定的方式披露其生产过程中所产生的碳排放总量的农产品。

4. 什么是低碳农产品?

低碳农产品是评估生产企业从摇篮到大门的半生命周期内温室气体排放总量,在符合相关法律法规、产品质量、安全、健康、环保等标准以及产业发展政策等要求条件下,同时与同类农产品相比,在其生产的整个过程中单位产品的碳排放量水平处于较低水平的农产品。

5. 低碳农产品与碳披露农产品之间存在什么样的关系?

低碳农产品与碳披露农产品都有一个共同的基础,即符合相关法律法规、产品质量、安全、健康、环保等标准以及产业发展政策等要求。碳披露农产品是低碳农产品创建的前提条件,即首先要根据相关要求向公众披露其产品的碳排放总量等信息。在所有同类碳披露农产品中,其单位产品碳排放量处于较低水平的农产品可申请参加低碳农产品的评价和创建。

6. 低碳农产品和碳披露产品创建有何重要意义?

低碳农产品和碳披露产品创建的主要目的是在提高农产品生产效率的同时,减少农业温室气体排放,促进绿色、循环、低碳农产品生产体系的构建,引导低碳农产品的生产和消费,为生态文明建设和实现农业绿色低碳发展提供助力。

7. 低碳农产品与碳披露农产品的评价依据是什么?

针对碳披露农产品,相关管理部门或技术机构将研制并发布一系列相关的标准、技术规范等,以规范指导企业开展碳信息披露。同时,管理部门建立碳信息披露数据平台,为企业申报提供技术服务,也为公众查询提供信息咨询服务。低碳农产品的评价主要是通过制定标准、技术规范等技术文件从已开展碳信息披露的同类农产品中筛选出一定比例的单位产品碳排放水平较低的农产品。

8. 申请碳披露农产品或低碳农产品创建的企业应具备什么条件?

申请碳披露农产品或低碳农产品创建的生产企业原则上应为独立法人或视同独立法人资格的单位。该单位农产品生产应为规模化生产，且在申请之日前两年保持生产规模稳定，生产的产品符合相关法律法规、质量安全卫生技术标准及规范的基本要求，近两年内，未受到有关质量、环境、安全等行政主管部门的处罚。

9. 农产品碳排放的评价范围是什么？

养殖过程中的碳排放评价范围包括畜禽肠道碳排放；养殖生产过程中能源消耗的碳排放；粪污处置利用过程中的碳排放。种植过程中的碳排放评价范围包括投入品（化肥、农膜等）生产过程中的碳排放；肥料（化肥、有机肥）使用过程中的碳排放；生产过程中能源消耗的碳排放；不同耕作方式及农作物秸秆处置利用过程中的碳排放；土壤固碳。

10. "三品一标"农产品是指什么？

无公害农产品是指有毒有害物质控制在安全允许范围内，符合《无公害农产品标准》的农产品；或以此为主要原料并按无公害农产品生产技术操作规程加工的农产品。

绿色农产品是指遵循可持续发展原则，按照特定生产方式生产，经专门机构认定，许可使用绿色食品标志，无污染的安全、优质、营养农产品。我国绿色农产品分为 A 级和 AA 级，A 级为初级标准，即允许在生长过程中限时、限量、限品种使用安全性较高的化肥和农药。AA 级为高级绿色农产品。

有机农产品是根据有机农业原则和有机农产品生产方式及标准生产、加工出来的，并通过有机食品认证机构认证的农产品。AA级绿色食品等同于有机食品。

地理标志产品，是指产自特定地域，所具有的质量、声誉或其他特性本质上取决于该产地的自然因素和人文因素，经审核批准以地理名称进行命名的产品。

11. 低碳农产品与"三品一标"农产品有什么区别？

"三品一标"农产品相关标准不涉及碳排放指标要求，而低碳农产品在符合"三品一标"要求的基础上，单位产品的碳排放量与同类农产品相比处于较低水平。

12. 农业碳排放源包括哪些？

农业碳排放源主要包括农业生产经营过程中化石能源燃烧产生 CO_2 排放、稻种植过程中的 CH_4 排放、反刍动物的 CH_4 排放、动物废弃物管理过程中的 CH_4 和 N_2O 排放、施肥造成的 N_2O 排放以及其他农用化学品的投入所产生的温室气体排放。

13. 农业碳排放对气候变化的影响程度如何？

IPCC 第 4 次评估报告表明，农业是温室气体的第二大排放源。据估计，全球范围内农业排放 CH_4 占由于人类活动造成的 CH_4 排放总量的 50%，N_2O 占 60%。如果不实施额外的农业政策，预计到 2030 年，农业源甲烷和氧化亚氮排放量将比 2005 年分别增加 60% 和 35%～60%。

14. 我国农业温室气体排放量排名如何？

据《中华人民共和国气候变化第二次国家信息通报》，我国农业温室气体排放占全国排放总量的 11.0%，是第二大排放源。农业温室气体中 CH_4 和 N_2O 排放量分别占全国 CH_4 和 N_2O 排放总量的 56.7% 和 74.0%。

15. 农业碳减排有哪些途径？

发展资源节约型循环农业，减少对高碳型生产资料的依赖如化肥、燃煤等；积极发展农牧循环和林牧循环农业，增强农业碳汇功能；改变传统的耕作方法，积极利用低碳减排技术，提高土壤的固碳水平。

16. 农业碳减排量是否可在碳交易市场交易？

碳交易市场可分为碳配额交易市场和自愿碳减排交易市场两类。农业碳排放量可以通过打包形成规模后参加自愿减排市场交易。

17. 什么是农业碳汇？

农业碳汇是指通过实施农田少耕免耕、间作套种、秸秆还田、土壤生物覆盖、增施有机肥（含绿肥、堆肥、沼肥等）等活动，减少土壤释放二氧化碳，提高土壤固碳能力，并与碳汇交易结合的过程、活动或机制。

18. 什么是碳中和？

碳中和是指企业、团体或个人通过购买某个正在实施或即将实施的符合相关要求的碳减排项目所实现的一定数量的碳减排量，或者购买一定数量的林业碳汇或农田土壤碳汇，以消除企业、团体或个人因生产或生活等活动而产生的碳排放量，从而达到绿色、低碳发展目的的一种公益行为。

19. 消费者购买低碳农产品可否抵消碳排放？

根据低碳农产品的定义，低碳产品具有更低的碳排放水平。消费者购买低碳农产品，实际上就是购买了一定数量的碳减排量，从而实现抵消自身碳排放量的目标。

20. 农产品碳标签在国际上发展状况如何？

碳标签已开始为各国/地区及相关的组织、产业与企业所广泛认同和接受。在各国的大力推动下，消费者对碳标签的认识也逐步提高。碳标签将成为生态标签、能效标签等环境友好标签之后的又一标签系统，将为全球应对气候变化、促进人类社会与自然环境的和谐共处，并最终实现可持续发展做出积极的贡献。

参考文献

鲍俊杰，张艳玲，平凡，等，2015. 益生菌对保育猪生产性能和发病率影响的
　效果试验 [J]. 饲料工业，36 (S2)：39-40.

程广龙，赵辉玲，江喜春，等，2008. 泌乳前期日粮精粗比对奶牛生产性能的
　影响 [J]. 中国草食动物，28 (4)：43-45.

程胜利，肖玉萍，杨保平，等，2013. 反刍动物甲烷排放现状及调控技术研究
　进展 [J]. 中国草食动物科学，33 (5)：56-59.

丛树发，张爱忠，姜宁，等，2010. 不同剂量苹果酸对奶牛体外瘤胃发酵的影
　响 [J]. 家畜生态学报，31 (3)：30-34.

邓磊，李胜利，2005. 莫能菌素在牛奶中残留检测方法初探 [J]. 中国奶牛
　(3)：14-16.

丁静美，成述儒，邓凯东，等，2017. 不同中性洗涤纤维与非纤维性碳水化合
　物比值饲粮对肉用绵羊甲烷排放的影响 [J]. 动物营养学报，29 (3)：
　806-813.

高胜涛，2015. 减少反刍动物甲烷排放量的应用技术研究进展 [J] 现代畜牧
　兽医 (11)：53-58.

郭嫣秋，胡伟莲，刘建新，2005. 瘤胃甲烷菌及甲烷生成的调控 [J]. 微生物
　学报，45 (1)：145-148.

李祥，曹江绒，曹万新，等，2013. 响应面法优化茶皂素的超声波辅助提取工
　艺 [J]. 中国油脂，38 (12)：72-75.

李新建，高腾云，2002. 影响瘤胃内甲烷气产量的因素及其控制措施 [J]. 家
　畜生态，23 (4)：67-69.

刘玲玲，李庆松，曾亮，等，2010. 茶籽饼中茶皂素提取工艺研究 [J]. 粮食

与食品工业，17（4）：19-22.

刘尧刚，胡健华，周易枚，2009. 壳聚糖对茶皂素水溶液絮凝工艺的研究 [J].
　粮食与食品工业，16（2）：13-16.

马燕芬，杨淑青，薛瑞婷，等，2013. 饲粮 NFC/NDF 对奶山羊甲烷和二氧化
　碳排放量的影响 [J]. 动物营养学报，25（5）：996-1003.

毛胜勇，王新峰，朱伟云，2010. 体外法研究延胡索酸二钠对瘤胃微生物发酵
　活力及甲烷产量的影响 [J]. 草业学报，19（2）：69-75.

娜仁花，董红敏，陶秀萍，等，2010. 不同类型日粮奶牛体外消化性能与甲烷
　产生量比较 [J]. 农业环境科学学报，29（8）：1576-1581.

牛文静，赵广永，张婷婷，等，2014. 延胡索酸二钠对氨化稻草体外瘤胃发酵
　甲烷及挥发性脂肪酸产量的影响 [J]. 动物营养学报，26（1）：245-251.

彭瑛，杨焕胜，吴信，等，2013. N-氨甲酰谷氨酸在猪营养中应用的研究进展
　[J]. 动物营养学报，25（6）：1131-1136.

彭游，柏杨，喻国贞，等，2013. 茶皂素的提取及应用研究新进展 [J]. 食品
　工业科技，34（10）：357-362.

巧婷，2015. 半胱胺、N-氨甲酰谷氨酸对不同阶段生长育肥猪生长性能、血清
　生理化指标及免疫机能的影响 [D]. 南宁：广西大学.

桑断疾，董红敏，郭同军，等，2013. 日粮类型对细毛羊甲烷排放及代谢物碳
　残留的影响 [J]. 农业工程学报，29（17）：176-181.

孙红梅，曹连宾，郝力壮，等，2015. 牦牛常用粗饲料营养价值评价及甲烷生
　成量 [J]. 西北农业学报，24（3）：48-52.

王丹玉，彭子欣，王洪彬，等，2015. 抗菌肽在断奶仔猪生产中的应用效果研
　究进展 [J]. 中国畜牧杂志，51（7）：83-86.

王丽娟，刘大程，卢德勋，等，2009. 日粮同时添加酵母培养物与延胡索酸二
　钠与对慢性酸中毒奶山羊瘤胃发酵和细菌数量的影响 [J]. 动物营养学报，
　21（1）：67-71.

温嘉琪，马平，2014. 不同粗饲料组合混合日粮对奶牛泌乳性能的影响 [J].
　畜牧兽医杂志，33（2）：10-12.

吴爽，张永根，夏科，等，2014. 不同粗饲料组合类型对奶牛瘤胃甲烷产量及
　氮代谢的影响 [J]. 中国饲料（3）：29-33.

吴清平，黄静敏，张菊梅，等，2010. 细菌素的合成与作用机制 [J]. 微生物
　学通报，37（10）：1519-1524.

辛杭书，刘凯玉，张永根，等，2015. 不同处理水稻秸秆对体外瘤胃发酵模式、

甲烷产量和微生物区系的影响 [J].动物营养学报,27 (5):1632-1640.

张耿,毛胜勇,朱伟云,2006.高精料条件下延胡索酸对山羊瘤胃微生物体外发酵的影响 [J].南京农业大学学报,29 (1):63-66.

张苏江,Cheng,L,谭青,等,2012.饲料添加尿素对羊瘤胃液 pH、CH₄、VFA 和产气量的影响 [J].西北农业学报,21 (7):30-34.

张晓明,王之盛,唐春梅,等,2014.不同蛋白质源饲粮对肉牛能氮代谢和甲烷排放的影响 [J].动物营养学报,26 (7):1830-1737.

张振威,王聪,刘强,等,2014.异丁酸对西门塔尔牛增重、日粮养分消化和甲烷排放的影响 [J].草业学报,23 (1):346-352.

周艳,许贵善,董利锋,等,2018.不同饲养模式下饲粮非纤维性碳水化合物中性洗涤纤维对生长期杜寒杂交母羊生长性能、营养物质表观消化率和甲烷产量的影响 [J].动物营养学报,30 (4):1367-1376.

宗泽君,乌艳红,王军,等,2005.舍饲绒山羊断乳前后羔羊死亡病因调查及防制研究 [J].中国草食动物,11 (9):168-169.

Abecia,L.,Ramos-Morales,E.,Martinez-Fernandez,et al.,2014. Feeding management in early life influences microbial colonization and fermentation in the rumen of newborn goat kids. Animal Production Science. AN14337.

Anderson,R.C.,Huwe,J.K.,Smith,D.J.,er al.,2010. Effect of nitroethane,dimethyl-2- nitroglutarate and 2-nitro-methyl-propionate on ruminal methane production and hydrogen balance *in vitro* [J]. Bioresource Technology,101 (14):5345-5349.

Bayaru,E.,Kanda,S.,Kamada,T.,et al.,2001. Effect of fumaric acid on methane production,rumen fermentation and digestibility of cattle roughage alone [J]. Animal Science Journal,72:139 – 146.

Bayat,A.R.,Tapio,I.,Vilkki,J.,et al.,2018. Plant oil supplements reduce CH₄ emissions and improve milk fatty acid composition in dairy cows fed grass silage-based diets without affecting milk yield [J]. Journal of Dairy Science,101 (2):1136-1151.

Beauchemin,K.A. 2017. Current perspectives on eating and rumination activity in dairy cows [J]. Journal of Dairy Science,101:1-23.

Benchaar,C.,Hassanat,F.,Martineau,R.,et al.,2015. Linseed oil supplementation todairy cows fed diets based on red clover silage or corn silage:Effects on methane production,rumen fermentation,nutrient digestibility, N balance, and milk production [J]. Journal of Dairy Science, 98: 7993 - 8008.

Carro, M. D., Ranilla, M. J. 2003. Influence of different concentrations of disodium fumarate on methane production and fermentation of concentrate feeds by rumen micro-organisms in vitro [J]. British Journal of Nutrition, 90 (3): 617-623.

Denman, S. E., Tomkins, N. W., McSweeney, C. S. 2007. Quantitation and diversity analysis of ruminal methanogenic populations in response to the antimethanogenic compound bromochloromethane [J]. FEMS Microbiology Ecology, 62: 313-322.

Goel, G., Makkar, H. P. S. 2012. Methane mitigation from ruminants using tannins and saponins [J]. Tropical Animal Health and Production, 44 (4): 729-739.

Lopez, S., McIntosh, F. M., Wallace, R. J., et al., 1999. Effect of adding acetogenic bacteria on methane production by mixed rumen microorganisms [J]. Animal Feed Science and Technology, 78: 1-9.

Machmuller, A., Kreuzer, M. 1999. Methane suppression by coconut oil and associated effects on nutrient and energy balance in sheep [J]. Canadian Journal of Animal Science, 79 (1): 65-72.

Mao, H. L., Wang, J. K., Zhou, Y. Y., Liu, J. X. 2010. Effect of addition of tea saponins andsoybean oil on methane production, fermentation and microbial population in the rumen of growing lambs [J]. Livestock Science, 129 (1/3): 56-62.

McGinn, S. M. 2013. Developments in micrometeorological methods for methane measurements [J]. Animal, 7: 386-393.

Moss, A. R., Givens, D. I. 2002. The effect of supplementing grass silage with soya bean meal on digestibility, in sacco degradability, rumen fermentation and methane production in sheep [J]. Animal Feed Science Technology, 97 (3-4): 0-143.

Ungerfeld, E. M. 2015. Shifts in metabolic hydrogen sinks in the methanogenesis- inhibited ruminal fermentation a meta-analysis [J]. Frontiers in Microbiology, 6: 37.

Wallace, R. J., Wood, T. A., Rowe, A., et al., 2006. Encapsulated fumaric acid as a means of decreasing ruminal methane emissions ［J］. International Congress Series, 1293: 148-151.

Wang, Y., McAllister, T. A., Jay Yanke, L., er al., 2000. In vitro effects of steroidal saponins from *Yucca Schidiigera* extract on rumen microbial protein synthesis and ruminal fermentation ［J］. Journal of the Science of Food and Agriculture, 80 (14): 2114-2122.

Wolin, M. J., Miller, T. L. 2006. Control of rumen methanogenesis by inhibiting the growth and activity of methanogens with hydroxymethylglutaryl-SCoA inhibitors ［J］. International Congress Series, 1293: 131-137.

X. H., Liu, C., Chen, Y. X., Shi, et al., 2017. Effects of mineral salt supplement on enteric methane emissions, ruminal fermentation and methanogen community of lactation cows ［J］. Animal Science Journal, 88: 1049-1057.

Xue, J., Huner, I., Steinmetz, T., et al., 2005. Novel activator of mannose-specific phosphotransferase system permease expression in Listeria innocua, identified by screening for pediocin AcH resistance ［J］. Applied and Environmental Microbiology, 71 (3): 1283-1290.

图书在版编目（CIP）数据

低碳养殖科普知识／全国畜牧总站组编 . —北京：
中国农业出版社，2020.1
ISBN 978-7-109-26758-9

Ⅰ．①低… Ⅱ．①全… Ⅲ．①养殖－农业技术 Ⅳ.
①S8

中国版本图书馆 CIP 数据核字（2020）第 055350 号

中国农业出版社出版
地址：北京市朝阳区麦子店街 18 号楼
邮编：100125
责任编辑：周锦玉
版式设计：杜　然　　责任校对：吴丽婷
印刷：中农印务有限公司
版次：2020 年 1 月第 1 版
印次：2020 年 1 月北京第 1 次印刷
发行：新华书店北京发行所
开本：880mm×1230mm　1/32
印张：3.25
字数：100 千字
定价：25.00 元